0~6歲潛能開發親子遊戲書

早稻田大學教授、醫學博士
日本嬰幼兒發展權威 前橋明 著
許郁文 譯

野人

嘗試潛能開發親子遊戲後

爸爸與媽媽的迴響

讓身體徹底動一動之後，心情變得更清爽。也能愉快地度過一整天。

學會各種運動和遊戲後，在家就能跟孩子一起玩，真的是一件很開心的事！

（孩子2歲的理央媽媽）

可以慢慢地了解孩子喜歡什麼運動。

（孩子2歲6個月的A先生）

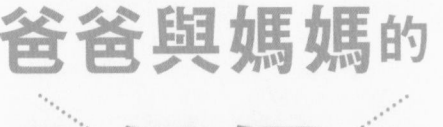

小孩也很期待這段親子遊戲時間。

我兒子不太喜歡運動，為了讓他對運動產生興趣，我開始和他一起玩潛能開發親子遊戲。現在兒子漸漸喜歡上這些遊戲，也會跟著我一起動動身體。

（孩子2歲的H．M先生）

能夠與孩子面對面一起笑，一起快樂地運動，真是件開心的事。

最近很難騰出親子相處的時間，更讓我覺得能跟孩子一起玩遊戲是件彌足珍貴的事。

（孩子4歲的MAIKEI先生）

讓孩子經常運動後，他們的生活變得更規律，心情也變得更好，親子間的笑容也增加了。

跟孩子進行戶外遊戲，讓他發洩多餘的精力後，一到晚上孩子就會自己告訴我：「我想睡了。」非常感謝前橋教授提醒我們運動的重要性。

（孩子3歲的B先生）

爸爸與媽媽的心情也能煥然一新。

嘗試潛能開發親子遊戲後，意外地發現我家小孩不擅長玩球類，卻很會跟著音樂扭動身體，還發現她特別喜歡跑步呢。

（孩子1歲9個月的柚月小姐）

外頭陽光毒辣時，不方便外出運動，所以我覺得能在室內活動身體，是一件非常棒的事情。

因為知道哪些動作有助於孩子哪一方面的身心發展，所以慢慢地在生活中加進這些動作，希望能讓我家小孩的身體更加強壯健康。

（孩子4歲的古澤先生）

我家小孩很愛活動身體，一起遊戲時，總是非常快樂的樣子。

除了運動相關的建議之外，淺顯易懂的解說讓我重新了解運動的重要性。最棒的是家長自己也能跟著一起動。

潛能開發親子遊戲不但可以增進親子感情，還補救了運動不足的問題！真的是好處多多啊。

（孩子3歲的H・M先生）

〔前言〕

有助身心平衡發展的潛能開發親子遊戲

一開始先自我介紹，我是專門研究兒童的運動功效與作息規律的前橋明。為了解決孩子的各種健康問題，我在全國進行了幼兒生活習慣調查並推行健康運動。

近年來，孩子的生活中極度缺乏「讓身體盡情活動與玩耍的機會」，再加上因為電視看太多，導致語言發展遲緩、社交能力低落，不擅長與人溝通的孩子越來越多，也連帶地造成體力與學習力的下滑。

造成這一切問題的主因，都是幼兒時期的作息紊亂，以及親子之間的溝通不足。

首先，請大家利用左頁的表格確認你家孩子的狀況。

幼兒健康狀況確認表

你家孩子有沒有出現下列狀況呢？

2歲以上的小孩若符合以下其中四項，就可能有運動不足的問題（「潛能開發親子遊戲」在孩子出生4個月後就能積極進行）。

- ☐ 總是一副無精打采的模樣，靜靜地待在原地，一點也不想動。
- ☐ 做什麼都不持久，缺乏集中力與意志力。
- ☐ 總是心神不寧的樣子。
- ☐ 容易發脾氣。
- ☐ 體溫過低(低於36度)。
- ☐ 體溫太高(高於37度)。
- ☐ 才動一下子就說「好累」。
- ☐ 常告訴你他頭痛。
- ☐ 經常拉肚子。
- ☐ 睡眠時間少於10小時。
- ☐ 不太流汗。

你家孩子的狀況如何？

希望各位爸媽從孩子的嬰幼兒時期就多與他們做親子接觸，並且讓他們多多活動身體。

因此，我希望各位爸媽能嘗試我所提倡的「潛能開發親子遊戲」。「潛能開發親子遊戲」納入了四種基本運動技巧，能讓身體的每個部位都均衡地發展，本書特別配合孩子的成長，以月齡分類介紹各階段的親子遊戲，讓爸媽們也能跟孩子一起邊玩邊運動。

讓孩子動動手腳、倒立，或是讓他們跳一跳，轉一轉身體，書裡介紹的許多遊戲都能刺激日常生活中不常活動的身體部位，也能幫助孩子提升身體的運動能力。

運動除了能幫助孩子增強體力，親子之間的互動也能讓孩子的心理更加健全，同時有益於智能的發展。

活動身體能夠為大腦與心靈帶來良好的雙重影響。

親子一起遊戲，一同流汗，爸爸與媽媽能透過肌膚的接觸，切實地感受到孩子的成長，而孩子也能感受到獨占父母親的滿足感。

爸爸與媽媽用心稱讚孩子的努力，讓他們擁有足夠的自信也很重要。「潛能開發親子遊戲」能讓孩子思考新的動作，進一步培養他們的創造力。

當孩子的心情得以滿足，就會慢慢地喜歡上運動。**運動有助於調整生活的作息，也有助於知性的提升並預防心理問題**。請趁著家事的空檔或假日，花個幾分鐘和孩子一起進行「潛能開發親子遊戲」吧。

此外，尤其建議在寶寶出生4個月後開始進行「潛能開發親子遊戲」。這個時期爸爸媽媽已經比較熟悉怎麼帶小孩，而且寶寶的頸部肌肉也足以支撐頭部直立。

為了讓各位家長安全地進行「潛能開發親子遊戲」，本書將以淺顯易懂的方式說明爸媽在遊戲時需要注意的地方。

「潛能開發親子遊戲」已經在日本神奈川縣、埼玉縣（所澤市）、沖繩縣、高知縣、靜岡縣（磐田市）這些行政區以及幼稚園、托兒所、育兒中心實施，而且也得到台灣、韓國與新加坡等亞洲各國採用。（編按：前橋明教授與新北市社會局合作推廣「嬰幼兒體力UP新運動」，他研發的「0～2歲嬰幼兒體操」DM範本，已授權新北市政府社會局翻譯發行中文版，免費提供給現代家庭父母作為親子運動的參考。）

請大家務必闔家和樂融融地嘗試潛能開發親子遊戲看看。

期待有朝一日這些親子遊戲能推廣至各地，成為孩子培養體力的好幫手、家人之間的溝通橋樑，成為有益各位讀者身心的全民健康運動。

2014年9月吉日

早稻田大學教授・醫學博士
前橋 明

目次

潛能開發遊戲 4～11個月

翻身、爬行、站立！

寶寶開始自主活動囉，鍛鍊肌耐力是關鍵！

潛能開發遊戲 1歲～幼兒期結束

跑跳、倒立、翻滾！

培養孩子的空間認知，促進統合發展！

Q&A

睡眠、三餐、潛能開發遊戲

前橋教授解答爸媽最想知道的問題

結合幼兒4大運動技巧的潛能開發遊戲

本書介紹的潛能開發親子遊戲，包含了打造幼兒運動基礎能力的四大運動技巧。

1 移動型運動技巧

走路、跑步、跳躍、爬行、單腳交互跳，像這樣從目前的位置移動到其他位置的運動。

有助培養

「爆發力」與「速度感」

2 操作型運動技巧

丟球、踢球、拍球、接球類，像這樣在物體上施力，或是讓物體移動的運動。

有助培養

身體不同部位同步運動的「協調性」

3 加強平衡感型運動技巧

保持平衡、轉圈圈、在地面滾動，像這樣在不穩定的場所保持姿勢的運動。

有助培養

「平衡感」

4 臨場反應型運動技巧

當場吊掛或推、拉的運動。

有助培養

「肌耐力」與「持久力」

潛能開發親子遊戲速查表

請依照你家小孩的月齡與年齡，翻到對應的親子遊戲頁面。

※月齡與年齡只是參考，請依照孩子的實際情況選擇適當的親子遊戲。

5個月左右

寶寶開始學會扭動身體

小牛愛翻身

協助寶寶翻身時，寶寶可以學習如何利用自己的力量讓上半身翻過來。

➡ P36

4個月左右

脖子的肌肉開始健全，稍微支撐就能坐起來

嘿咻嘿咻翻過來

讓寶寶趴著，可促進肩部、背部與脖子這些平時不常使用到部位的肌肉更加發達。

➡ P33

7個月左右

腳往前伸的坐姿
可以維持
一小段時間

1、2、3, 坐起來

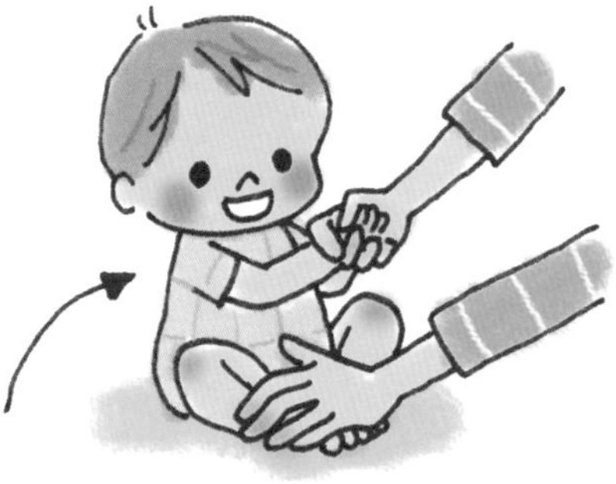

在寶寶仰躺的姿勢下，輕拉他的小手，讓他慢慢坐起身來，學習坐著的方法。這款遊戲可以鍛鍊寶寶的軀幹肌耐力。

➡ P41

6個月左右

越來越會爬行。
不用扶著，也能獨力
坐著2~3秒

毛毛蟲前進

讓寶寶多踢踢腳，腳就會變得有力，也就有力氣蹲站。

➡ P37

10個月左右

已經學會爬行

來騎馬囉

讓孩子坐在肩膀上，牢牢地抓住他的腳。這個遊戲可讓他學會用手保持平衡，也能增加對空間的認知。

➡ P48

9個月左右

已經能抓著東西站立。可以自行爬動（腹部貼著地面）

嘿咻嘿咻划小船

讓孩子坐在兩腳膝蓋之間，像是划船般讓孩子的身體前後搖擺。加大動作幅度可刺激腹肌。

➡ P46

8個月左右

稍微扶著就能一直站著

我會站了

用單手或雙手扶著寶寶，讓他學習扶著站立時，如何保持身體的平衡。

➡ P42

1歲~1歲3個月

已經能自己站起來與走路，
能站著做很多動作

宇宙航行

讓孩子在半空中學會保持平衡的運動。

➡ P80

抖抖平衡木

讓孩子站在搖晃的膝蓋上，一邊保持平衡，一邊學習站立。

➡ P77

憤怒鳥發射

這是利用全身的肌耐力與雙手，保持直立姿勢的運動。

➡ P76

以上3個遊戲皆能讓孩子學會平衡感。

11個月左右

稍微扶著
就能行走

倒立單槓

抓住孩子的雙腳，讓他倒立。這個動作可以讓孩子體驗未曾經歷過的角度，也可培養他的軀幹肌耐力。

➡ P50

1歲4個月~1歲7個月

已經能一個人平穩地走動

左搖右擺企鵝學步

孩子會在避免掉下來的過程中掌握平衡感。

旋轉木馬

拉著孩子的手，讓他旋轉，可增強寶寶的腹肌、背肌、臂力以及全身的肌耐力。

一飛衝天

拉起孩子的手，讓孩子吊著雙手的遊戲，可增進寶寶的手臂與背肌的力量。

將孩子拉高、倒立、旋轉，或是讓他走路，都能讓他的身體各部分得到刺激。

➡ P91　　➡ P89　　➡ P82

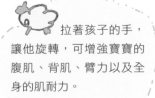

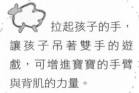

1歲8個月~2歲

孩子走路很平穩了，牽著他們的手，就能走上樓梯，活動範圍也變得更大

1、2左右跳

左右跳的動作可以訓練瞬間爆發力與韻律感。

→ P99

小手邁步走

將孩子的雙腳提起來，讓他以雙手撐地行走，可增強上半身與腹部的肌力。

→ P98

金雞獨立

單腳站有助腿部的肌力發達，也能培養平衡感。

→ P96

在這階段，孩子慢慢地學會跳躍與用手臂撐住身體的感覺。

幼兒期結束之前

3、4、5、6歲，小學生也適用

能跑步、踢球與兩腳一起跳。

屁股拍拍

避免被對手拍到屁股的閃躲遊戲。這款遊戲能讓身體熟悉迅速移動。

➡ P109

跳跳鑽山洞

讓孩子跳過雙腳後，再從爸媽撐起的腰際鑽過去。這是一款會使用到全身肌肉的遊戲。

➡ P106

小飛俠

爸媽的手臂先左右移動，接著再上下移動，慢慢地讓孩子體會空間感。

➡ P103

在遊戲的同時，家長可以切身感受到孩子的成長。
親子一同活動身體，爸媽也能順便運動。

column

讓孩子在遊戲中
學會控制自己的身體與大腦！

★爸爸媽媽一起教孩子活動身體的方法

有時候會看到讓孩子自己一個人玩的爸爸或媽媽。

學寫字的時候，光看著範本寫是學不會的。同理可證，就算帶孩子到遊戲場所，孩子也不可能立刻知道該怎麼盡情地活動身體玩耍。

孩子都是從遊戲中學會活動身體的方法。

不過孩子鮮少有機會從其他小孩身上學會怎麼玩遊戲，以及如何熟悉遊戲的方法。因此，**爸媽若不從旁教導活動身體的方法，不告訴他們該怎麼運動以及做某些動作，孩子是無法自己熟悉運動技巧的。**

請讓孩子從你身上學習只有和爸爸媽媽才能一起玩的遊戲，以及活動身體的方法。

★玩得滿身大汗，大腦更加發達！

玩得忘我，徹底發洩囤積的能量，有助孩子的心靈沉澱，情緒也能夠得以安定。

與孩子一起玩相撲或是推擠遊戲時，孩子即使玩得滿身大汗，雙眼依然閃閃發光，興致勃勃地再三挑戰。

不論是以前還是現在，孩子覺得有趣的事情都是一樣的。

當孩子像這樣迫不及待地投入遊戲，大腦也能跟著學會如何巧妙地控制興奮與抑制自己。

請讓孩子在日常生活中更積極地活動身體吧。

孩子一定能因此更加茁壯成長。

潛能開發遊戲

4～11個月

翻身、爬行、站立！

寶寶開始自主活動囉，鍛鍊肌耐力是關鍵！

4～7個月 腹部肌力 背部肌力 移動所需的肌力 空間認知能力 旋轉的感覺 平衡感

8～11個月 平衡感 肌耐力 腹部肌力 腳部肌力 空間認知能力 旋轉的感覺 倒立感

提升幼兒基礎代謝，促進大腦與神經系統的反應，潛能開發遊戲好處多多！

每天安排時間，讓孩子忘我活動身體，他就能身心健全地長大

潛能開發親子遊戲目前已獲許多托兒所、幼稚園或是社區健康中心採用。這套遊戲不僅能增進親子間的親密感，培養幼兒的體力，還能提升幼兒的基礎代謝並調節體溫，腦部與神經系統的反應也將更加活躍。除了上述這類促進生理發展的好處，也能讓孩子的心理更加健全地發展。

每天安排一段時間，讓孩子忘我地動動身體，孩子就能在安心的環境下慢慢長大。

我觀察近來孩子的情況與親子間的日常生活後，發現孩子們的運動能力普遍訓練不足。**為了讓孩子們更樂於運動，我設計了這套家長也能一起參與的潛能開發親子遊戲。**

像是「倒立」、「四腳移動」與「旋轉運動」等運動，希望讓孩子在幼兒時期就能體驗。這些運動可以訓練上下顛倒的空間感、支撐與旋轉平衡感。此外，在固定空間中，一邊注意他人的動靜，一邊閃避危險的「官兵抓強盜遊戲」或「丟球運動」則是由大量的「跑步、閃躲、接球、丟球」動作所組成。

潛能開發親子遊戲可讓孩子認識自己的身體如何活動，以及這樣的動作會形成哪些姿勢。

養成正常的生活規律，寶寶的心靈就能平靜，情緒穩定

潛能開發親子遊戲可以增加孩子的運動量，也能調整睡眠的間隔並促進食欲。一旦習慣健康的生活規律，孩子的心靈就能得以平靜，情緒穩定。

生活規律與整天的作息環環相扣，只要其中一個環節正常，慢慢地，其他環節也會跟著正常。

潛能開發親子遊戲就是擁有這麼多好處。因此，除了日本全國的托兒所、幼稚園與育兒中心，就連台灣、韓國與新加坡也開始採用這套遊戲。

每天5～10分鐘，和孩子快樂玩遊戲

從眼神到身體接觸，給孩子親密感與安全感

本書的親子遊戲只需一點時間就已足夠。

不須想得太複雜，重點是要讓孩子的身體動一動。**就算只有5分鐘或10分鐘，只要針對寶寶當下的心情與狀況挑選適合遊戲即可。**親子之間的肌膚接觸或眼神交會都是親子心靈交流的重要管道。

為了配合孩子的成長速度與發展狀況，請連同月齡與年齡一併考慮。由於每個孩子的情況都不同，請依照他們的需求，選擇最適合你家孩子的親子遊戲。

進行親子遊戲之前，請先從對話開始。尤其對象是嬰兒時，千萬別急著開始進行，最好先跟孩子說說話，讓他們有點心理準備。

當遊戲順利完成後，別忘了給孩子一個親密的擁抱。無論媽媽或爸爸陪著進行這些遊戲，重點是要讓孩子享受這段遊戲的時間。

有些遊戲由爸爸帶著做比較好！例如將孩子抱高或是抱高後移動，爸爸強而有力的臂膀可讓孩子體驗到百分之百的安心與安全感。

所以，媽媽不妨偶爾請忙碌的爸爸幫忙一下吧。

●潛能開發親子遊戲的5項優點

1. 不需要任何器材，只要活動身體就能達到運動的目的。
2. 肌膚接觸有助於親子之間的心靈交流，也能促進孩子的語言發展。
3. 孩子能享受獨占爸媽的快樂，等於為他們打造一處心情得以穩定的場所。
4. 父母親可以親眼確認孩子的成長狀況。
5. 多花點心思研究遊戲與運動的方法，也有助於寶寶的智能發展。

動一動、跳一跳，讓孩子輕鬆學會
10大體適能與感覺統合能力

潛能開發親子遊戲有助於培養健康成長所需的基礎體力。以下具體介紹實踐本書的親子遊戲可以培養的各項能力。

肌耐力

肌肉收縮
產生的力量

持久力

可持續動作一段
時間的能力

平衡感

維持身體姿勢
的能力

瞬間爆發力

瞬間擠出強烈的
運動力量

協調性

利用兩個以上的身體部位
同時進行
某種運動的能力

靈巧度

讓身體隨著意志
正確並迅速活動的能力。
讓身體更靈活、
更靈巧的力量。

敏捷度

身體能迅速地
改變方向或對刺激
產生反應的力量

柔軟度

身體可往各種方向
彎曲或延展的力量，
就是身體的柔軟度。

速度感

身體的
運動速度

韻律感

隨著音樂、拍子、
律動，自然而優雅地
運動身體的感覺

4~7個月

翻身、踢腿、練坐，讓孩子愛上遊戲！

在這個時期，原本仰睡的小寶寶會想要翻身，開始使用之前沒用到的肌肉。此時加入翻身與爬行的動作，可以增加他們軀幹的肌耐力。

●訓練的能力

・鍛鍊支撐身體與翻身所需的腹部肌力、背部肌力。
・移動時所需的肌力。
・培養空間認知能力。
・旋轉的感覺。
・平衡感。

1 搖搖晃晃無尾熊

肌耐力
韻律感

● 單手扶著寶寶的脖子，另一隻手托住寶寶的屁股，將寶寶抱牢後，前後左右搖晃身體。

● 建議媽媽與爸爸站著做這項遊戲，一來比較安全，身體也比較容易擺動。

一開始先輕輕搖晃，等寶寶習慣後，再加大動作的幅度。

2 嘿咻嘿咻翻過來

肌耐力

柔軟度

●抓住寶寶的雙腳，慢慢地往側邊轉，幫助寶寶翻身。

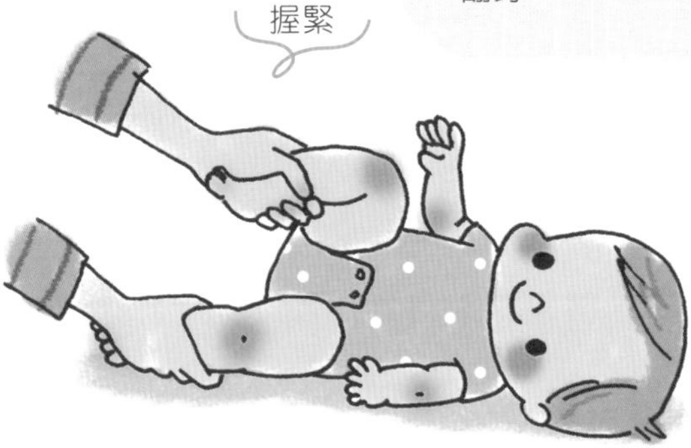

剛開始的時候，寶寶肚子下方的手常會抽不出來，但慢慢地，寶寶就能自己把手抽到前面來，再過不久寶寶就能學會自己翻身了。

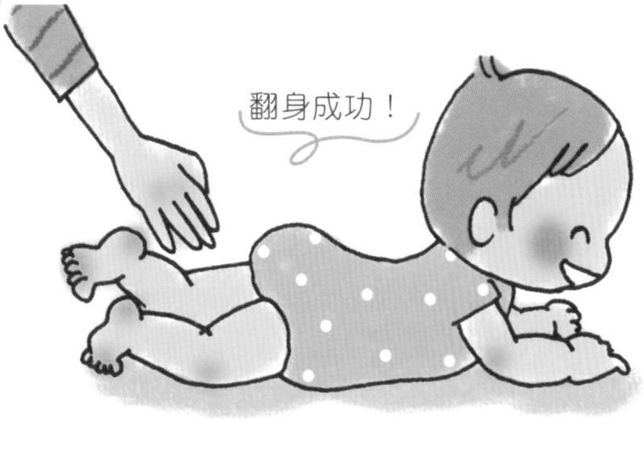

3 盪鞦韆遊戲

肌耐力

平衡感

- 將寶寶臉朝前抱在懷中。
- 用力撐著寶寶的身體，帶著他像盪鞦韆般左右慢慢搖晃。
- 如果爸爸媽媽覺得對腰部負擔太大，可以稍微將膝蓋彎曲，讓身體微微前傾。

可以嘗試左右搖晃，或是加大晃動的幅度，上下左右改變方位，更增添趣味性。

注意

寶寶熟悉這個遊戲之後，會開始手舞足蹈地亂動，為了避免寶寶摔下來，務必用力撐著寶寶的身體，也試著讓他們擺動雙腳。

4 太陽公公起來了

肌耐力

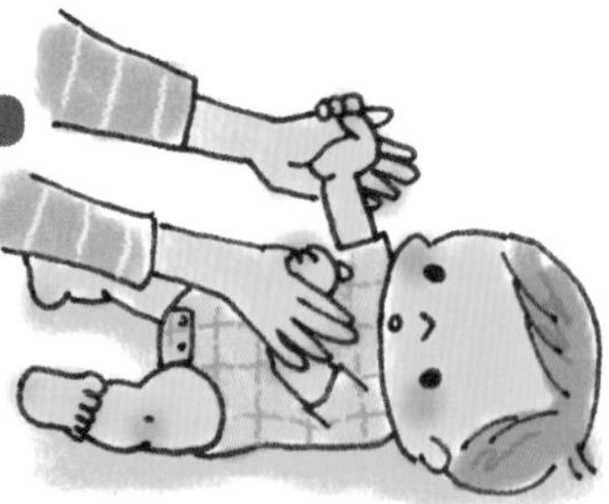

- 讓寶寶握住媽媽的拇指，再輕輕地把他往前拉，這時候寶寶會彎起膝蓋，準備要坐起來。
- 配合寶寶的姿勢把手往上拉，讓他的上半身挺起來，就能讓他學會坐姿。

可刺激腹部的肌肉。注意別讓寶寶的頭往後仰。

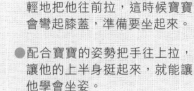

5 飛高高、飛高高

肌耐力

平衡感

●用力撐住寶寶的腋下，邊對著寶寶說：「飛高高喲，飛高高喲！」邊把寶寶往上舉。

※可培養空間認知能力。

高度與往上舉的速度，可視寶寶的情況慢慢加強。

注意

寶寶習慣這項遊戲後，會開心地亂動手腳，為了避免寶寶摔下來，一定要牢牢撐住他的腋下。

6 展翅飛翔

柔軟度

●讓寶寶趴著，再讓他的雙手手臂往外張開。

●寶寶的手心朝下，搭在媽媽的手上。

●媽媽盡量避免握住寶寶的手，輕輕扶著寶寶的手掌，鼓勵他反撐起身子。

這個動作訓練好的話，寶寶就會比較容易學會爬行。

7 瞬間移動

肌耐力

- 讓寶寶仰躺，雙手雙腳向外伸直，做出舉手萬歲的動作。接著握住寶寶的小腳，輕輕地往自己身體的方向拉近。
- 等寶寶熟悉這個動作，可以改成拉他的雙手，或是讓寶寶俯躺，再將他拉近身邊。

※可有效促進寶寶的空間認知能力。

注意

為了避免寶寶因摩擦而受傷，請事先檢查地板與衣服是否安全。

媽媽們若害怕拉傷寶寶的小手小腳，一開始可先讓寶寶躺在坐墊上，然後連同坐墊將寶寶拉近身邊。

8 小牛愛翻身

柔軟度

肌耐力

- 寶寶若還無法自行翻身，可用手輕推寶寶的身體，幫助他順利翻身。
- 若寶寶已能自行翻身，可以在他想要翻身的時候，將手輕輕地扶在他的腰際，擋著寶寶故意不讓他翻過來。
- 等寶寶的肌肉越來越發達，就算爸媽輕輕擋著，他也會努力翻過身來。

●讓寶寶的膝蓋彎曲，抓住寶寶兩腳腳踝，接著稍微在腳踝上施加力道。

●由於寶寶會想伸直膝蓋，這時可抵住他的腳底，讓寶寶的背部往頭頂方向移動。

9 毛毛蟲前進

肌耐力

爆發力

- 用單手扶住寶寶的兩腳腳踝，另一隻手環抱在他胸部下方。
- 讓寶寶的雙手扶在地上，同時輕輕地撐起他的身體。
- 目標是讓寶寶的背肌微微隆起。

10 小手用力撐

肌耐力

這個動作也算是倒立的前置動作，而且讓寶寶用雙手撐住身體，手臂也能有活動的機會。

注意
用雙手輕輕地托起寶寶，別一下子把腳抱得太高。

11 坐蹺蹺板

肌耐力

韻律感

- 讓寶寶面對面跨坐在你的膝蓋上。
- 用手扶住寶寶的後腦勺與腰部，避免他突然往後仰。
- 讓寶寶的上半身慢慢地向後仰。

像是蹺蹺板般，讓寶寶的上半身前傾後仰，一邊對著他說：「往後仰～往前傾～」寶寶會覺得這樣反覆的韻律很有趣。

注意

日常生活中身心滿足的寶寶很常笑。不常笑的寶寶，也許是缺乏親子間的互動。平時請多積極地跟孩子一起玩親子遊戲吧。

12

彈簧咚咚跳

肌耐力

平衡感

爆發力

●爸媽先坐在椅子上，讓寶寶站在膝蓋上後，左右搖晃膝蓋。

●習慣這個動作後，爸媽上下抬動腳踝，新增寶寶咚咚跳的遊戲。

注意

寶寶玩得太開心時會在膝蓋上跳動。為了不讓寶寶踩空，請穩穩地扶住他的身體。

13 1、2、3，坐起來

肌耐力

平衡感

- 先讓寶寶仰躺在地。
- 用一隻手握住寶寶的雙手，另一隻手則輕輕地壓住他的腳踝。
- 輕輕地拉起寶寶的手，感覺到他想靠自己的力量坐起來時，再輕輕地拉，協助寶寶整個坐起身來。

注意

這個動作的目的是讓寶寶自己坐起來，所以不要用力拉寶寶的手，硬是讓他們坐起來。

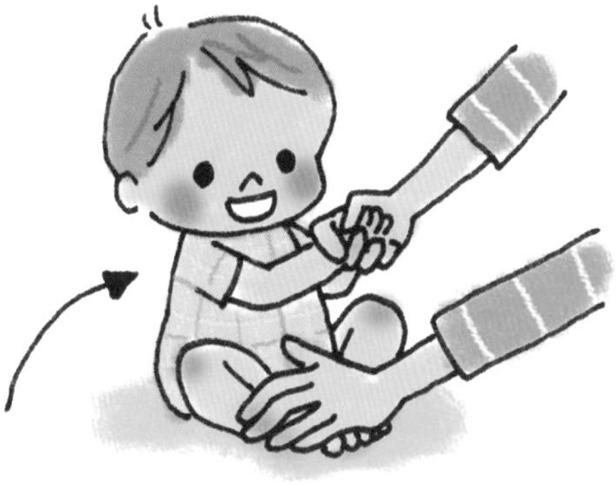

8~11個月

爬行、站立、平衡訓練，認識身體真有趣！

8個月大的寶寶差不多已經學會爬行了，所以活動的範圍也更加寬廣。一旦學會讓身體前後、左右、上下運動，就能漸漸培養出認知空間的能力。

●訓練的能力

- 培養支撐身體與爬行所需的平衡感與肌耐力。
- 提升腹部肌力、腳部肌力。
- 培養空間認知能力、旋轉感、平衡感、倒立感。

1 我會站了

肌耐力　平衡感

●媽媽跟寶寶面對面，大手牽著小手，讓寶寶抓著站好。

●重複這個動作，直到寶寶用單手牽著就能站好為止。

「讓膝蓋伸直喲！」一邊輕聲跟寶寶這麼說，一邊重複上述的動作，效果會更棒。

膝蓋這個身體部位的名稱與動作結合後，可以讓寶寶對自己的身體更有興趣。

2 火車過山洞

肌耐力
靈巧度

- 媽媽用雙手與膝蓋拱成像山洞的樣子。
- 讓寶寶從山洞底下爬過去。
- 請調整山洞的高度，或是讓山洞變窄，讓寶寶在不同的山洞裡玩耍。

※可培養空間認知能力。

有時發出「叭」的聲音，增加遊戲趣味度。有時可以突然縮小山洞，堵住正在過山洞的寶寶，他一定會更開心。

3 沖天炮

肌耐力

平衡感

爆發力

- 跟寶寶面對面站著，讓他握住媽媽的拇指。
- 媽媽抓住寶寶的手腕，跟他說：「要飛囉～」將寶寶拉離地面。

習慣之後，寶寶會自行伸展或彎曲膝蓋，也會用腳踢地面，甚至會想把自己的身體往上拉。

注意

要將孩子拉離地面時，一定要先口頭提醒一下，讓寶寶有心理準備。請先確認寶寶的手是否抓好爸媽的手，再慢慢把寶寶拉起來，以免他的肩膀脫臼。

4 轉轉方向盤

肌耐力
平衡感
韻律感

- 媽媽坐在椅子上，讓寶寶坐在媽媽的膝蓋上。
- 媽媽一邊說：「我是司機先生喲！」一邊模仿司機先生轉方向盤的動作，讓寶寶跟著模仿轉方向盤的動作。

※可增強寶寶的模仿能力。

這個運動可以增進模仿能力。如果覺得轉方向盤的動作不易模仿，可以讓寶寶拿夜市套圈圈遊戲這類比較容易握住的小圈圈模仿。

5 嘿咻嘿咻划小船

肌耐力

韻律感

柔軟度

- 爸爸雙腳打開坐在地上，讓寶寶坐在雙腳中間，再用腳挾住他。
- 跟寶寶一起握住棍子(例如保鮮膜的捲筒)，再像划小船般讓身體前後移動。
- 熟悉動作後，可與寶寶面對面一起玩這個遊戲。

6 飛行訓練

肌耐力

平衡感

- 爸爸先仰躺，讓寶寶趴在腳上後，再讓膝蓋以下小腿部分彎曲與地面平行。
- 握住寶寶的雙手，讓他打開雙手做出飛機的姿勢。
- 上下左右移動雙腳，讓寶寶學習平衡感。
- 熟悉動作後，可讓寶寶跨坐在膝蓋上，讓他學習騎馬的動作。

※可增強空間認知能力。

這個遊戲除了能逗寶寶開心，也能讓平時鮮少運動的爸爸與媽媽做些稍微吃力的運動。但千萬別太過勉強喔。

注意

寶寶覺得累的時候，手臂就會放鬆無力，此時要小心別讓他從腳上摔下來。

7 去騎馬囉

肌耐力

平衡感

●讓寶寶坐上肩膀。

●握住寶寶的雙手，再讓寶寶晃動身體，爸媽也可以原地轉圈圈。

●熟悉動作後，可以抓住寶寶的腳，給予寶寶支撐的力量，讓他放手自己學會平衡。

注意

在室內進行這項遊戲時，要先確認寶寶頭部的位置，以免寶寶的頭撞到牆壁或天花板。

8 挺身站起來

肌耐力
平衡感

- 讓寶寶雙腳往前伸坐在地上。
- 媽媽用單手握住寶寶的雙手，再用另一隻手按住寶寶的雙腳。
- 以寶寶的腳踝為支點，在寶寶的腰部與膝蓋都打直的狀態下，將寶寶拉起來。

9 倒立單槓

肌耐力

- 緊緊握住寶寶的雙腳，在寶寶頭部貼地的狀態下，慢慢抬高他的腳，讓寶寶的身體與地面呈垂直狀態，過一段時間後，再將他的腳放下來。
- 熟悉動作之後，讓寶寶倒立後，可以微幅地左右擺動他的身子。

※培養倒立的感覺、空間認知能力。

注意

放下寶寶的腳時，請放慢速度，也要避免讓寶寶的脖子折到。寶寶要是喜歡這個遊戲，會吵著要多做一次，但如果爸媽覺得累了，就應該停止遊戲。

10 1、2、3，起立

肌耐力

平衡感

- 讓寶寶趴在地上，爸爸蹲在寶寶的頭部前面，握住寶寶的雙手。
- 一邊注意讓寶寶的手臂打直，一邊依照手臂→頭部→肩膀→腹部的順序，慢慢地將寶寶的身體拉離地面，直到寶寶站直為止。

注意

遊戲開始前，先說聲「1、2、3」或「開始囉」，再慢慢地拉起寶寶的身體，以免他的肩膀脫臼。

11 爬山大挑戰

肌耐力
平衡感
靈巧度

- 媽媽躺在床上或是坐著，寶寶靠過來時就可以開始這項遊戲。
- 媽媽趴著當山，讓寶寶在身上爬上爬下。
- 寶寶熟悉動作後，媽媽可以將身體拱高或是壓低，增加遊戲的變化。

※可增強空間認知能力。

寶寶喜歡往高處爬，不妨將棉被蓋在瓦楞紙箱或坐墊上面，疊成一座能讓寶寶爬上爬下的小山。

12 兩腳踢高高

肌耐力
爆發力
韻律感

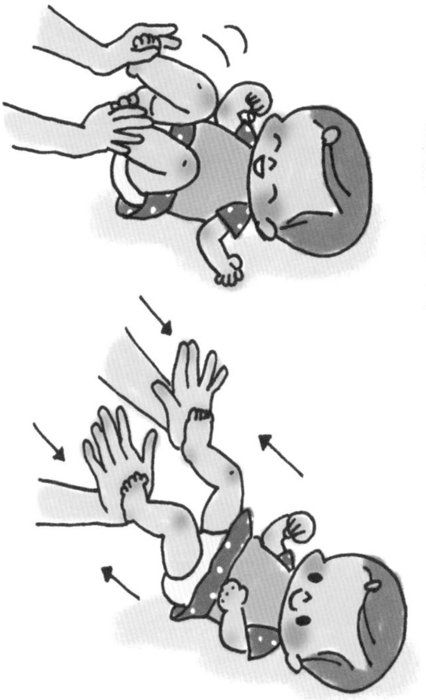

●讓寶寶仰躺在地，膝蓋彎曲，用手抵住他的腳底。

●爸媽放鬆手的力量，讓寶寶的膝蓋慢慢伸直。

●爸媽逐步抬高手，讓寶寶以你的手為目標，慢慢地把腳抬高伸直。

注意

寶寶的腳完全打直時，要小心別讓他的腳踝直落在地面。

13 咚咚打太鼓

肌耐力
協調性
韻律感

●跟寶寶面對面坐著，然後把身體的各部位當成太鼓，一邊喊著「拍拍」或「咚咚」，一邊拍打身體各部位。

●熟悉動作後，可一邊拍手、拍膝蓋，一邊跟寶寶說：「拍手手」「拍膝蓋」，讓寶寶模仿你的動作。

※可增強對身體的認識。

讓寶寶邊記住身體部位名稱，開心地敲打身體。

注意

別讓寶寶用力拍自己的肚子。

column

體溫上升、心跳加速，就是最適合孩子的運動量！

★運動的程度

全身動起來

↓

寶寶的體溫上升、稍微流汗

↓

將手放在胸口，能感受到心臟撲咚撲咚跳的程度

孩子4歲左右時，從早上9點到下午5點，一天的運動量約以7千～1萬步為宜。

不過，每個孩子的成長速度都不同，身體的發展程度也有差異，請依照孩子的狀況，給予適當的運動量。

有些家長看到其他成長速度較快的孩子，會擔心「為什麼我家小孩還不會走路」。如果你擔心孩子的發展，請讓孩子多做他這個階段能力所及的事，讓他充分練習爬行。

仔細觀察孩子的情況，並給予適當的運動量。左側的流程表可供各位爸媽參考。和孩子一起遊戲時請務必觀察他的狀況。盡可能為他挑選會稍微流點汗、心跳會加速的運動。

潛能開發遊戲

1歲~
幼兒期
結束

跑跳、倒立、翻滾！

培養孩子的空間認知，促進統合發展！

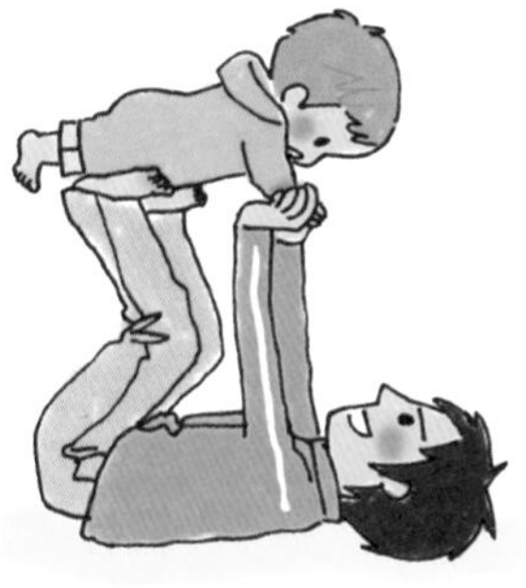

1歲~1歲3個月	平衡感　節奏感　韻律感
1歲4個月~1歲7個月	平衡感　韻律感
1歲8個月~2歲	空間認知能力
3～6歲，低年級也OK	肌耐力　平衡感　旋轉的感覺　爆發力　靈敏度　全面提升體力

運動可促進自律神經活絡，並讓孩子學會保護自己不受傷

幼兒發展三大關鍵「吃得好、多運動、睡得香！」

為了讓孩子們過著身心健康，朝氣十足的生活，我以「吃得好、多運動、睡得香」為口號，在托兒所與幼稚園推廣潛能開發親子遊戲。

若想為孩子打造健康的身體，請在日常生活裡重視居家的「飲食」；要增強孩子的體力與運動能力就必須重視「運動」；想讓孩子的情緒穩定，腦部得以發育，則必須重視「睡眠」。

其中以運動最為重要。

活動身體不僅有助培養體力，腦部與自律神經也會因此變得更活絡，也讓身體擁有保護自己的能力。

最近我常聽到有家長反映，孩子跌倒時，不會伸手撐住自己，導致臉部直接撞到地面而受傷。

這意味著孩子不懂如何保護自己的身體。也是值得注意的警訊。

為什麼孩子會變成這樣呢？

追究其原因，就是鮮少活動身體所致。

活動身體可穩定情緒，並培養活力十足、積極自立的心靈

為了培養基礎體力與運動能力，3歲之前的小孩尤其應該嘗試各種運動。

以4～7個月的小寶寶而言，爸爸與媽媽可以握握他們的小手小腳，透過觸碰手腳的動作，讓寶寶知道「這裡是手」、「這裡是腳」、「身體可以這樣動喔」以及「背部就在後面」這些事情。

等到寶寶慢慢成長，懂得活動自己的身體後，就會了解身體的功能，玩

捉迷藏時，也懂得藏住後背，玩火車過山洞的遊戲時，也會縮起下巴或低頭，以免自己的頭或額頭撞到山洞。

除此之外，還能夠了解身體在空間裡的位置與動作，萬一發生突發狀況，也能讓身體閃躲或用手撐住身體自保。

運動能促進血液循環，提升心肺功能。

而且有助於排汗，促進肌肉與神經的發展以及增強體力。

這些發展同樣會對精神層面帶來諸多好處，例如可讓情緒更為穩定或是培育出活力十足、積極又自立的心靈。

在成長與發展過程中選擇適當的運動，**能讓孩子學會如何保護自己的身體，也能開發孩子的潛能。**

體會盡情活動身體的喜悅，有助提升孩子的成就感

小小孩時期的運動不是為了提升運動技巧，而是希望讓孩子透過運動，體驗到自己的心「會有什麼感覺」。

簡單來說，要想讓孩子的心靈成長，就要讓孩子活動身體。

為此，請花點心思讓孩子覺得「運動很有趣」或是「喜歡運動」。

剛開始的時候，先讓孩子體會盡情活動身體的喜悅。然後觀察孩子的成長與身體狀況，讓他們挑戰各種運動。

如此一來，孩子們就能體驗全力活動身體之後的爽快感，也能在完成原本做不到的事情後得到滿滿的成就感，了解何謂感動。

慢慢地，孩子就能自己發掘課題，成為懂得思考之後再行動的人。

運動蘊藏了無限的魅力。

請讓潛能開發親子遊戲成為你與孩子生活中的一部分，在感受孩子成長的同時，爸爸媽媽也能樂在其中。

透過遊戲掌握運動技巧
並培養運動能力

比起棒球等有規則的活動，
讓孩子隨心所欲地跑跳、翻滾或奔跑

孩子們都很喜歡活動身體。

室內的遊戲固然重要，但是在戶外運動，孩子們的身體將會記住運動是一件多麼愉快的事。

與其帶小小孩玩足球或棒球這類有遊戲規則的運動，倒不如讓他們自由地四處走動，跑跑跳跳、翻滾或奔跑，總之就是讓他們隨心所欲地活動。

規則與禮儀等孩子長大一點再慢慢指導即可。

比起規則與禮儀，建議在孩子還小的時候讓他們體驗各種遊戲，為他們

培養基本的運動技巧與多樣的運動能力吧。

因為這些活動能讓孩子的肌肉在不知不覺間均衡發展，並學會發揮創意的能力。

只在日常生活中活動身體的話，容易造成運動或肌肉發展失衡，本書將應該在家裡進行的哪些運動（遊戲）製成以下表格，提供各位家長參考。

本書所介紹的親子遊戲都蘊含了下表中的各項元素。

●幼兒期應讓孩子多體驗的運動內容

· 盡可能嘗試多種運動

· 倒立或旋轉這類生活中鮮少體驗的運動

· 能培養倒立感、旋轉平衡感、韻律感、柔軟度與持久力的運動

· 能提升反射能力、避開危險能力的運動

· 支撐身體的運動

· 讓表現力更為豐富的韻律感運動

· 使用球類或繩子等，可培養操作能力的運動

良好的生活規律，可活化大腦、養成正面樂觀的心態

想維持良好的生活規律，白天的運動遊戲是關鍵！

「吃得好、多運動、睡得香！」的生活規律能幫助孩子們健康成長。

早餐吃得飽，每天早上就會正常排便。在家裡排便之後，再讓孩子開始一天的活動，他們就能精神飽滿地活動一整天。

如此一來，還可以促進腦部活化，孩子就能更專心地思考，充滿活力地行動。

運動可以促進自律神經的運作，讓孩子以正面樂觀的態度，更自動自發地行動。

想要維持良好的生活規律，白天的運動遊戲就是關鍵。請讓孩子忘了時間，盡情忘我地投入遊戲吧。

養成「吃得好、多運動、睡得香！」的生活習慣

●一定要吃早餐！

早餐是一整天的活力來源，可讓體溫上升，讓身體得以暖身。每天早上和孩子一起吃頓營養均衡的早餐吧。

Point 好好吃頓早餐，每天早上就會排便便！

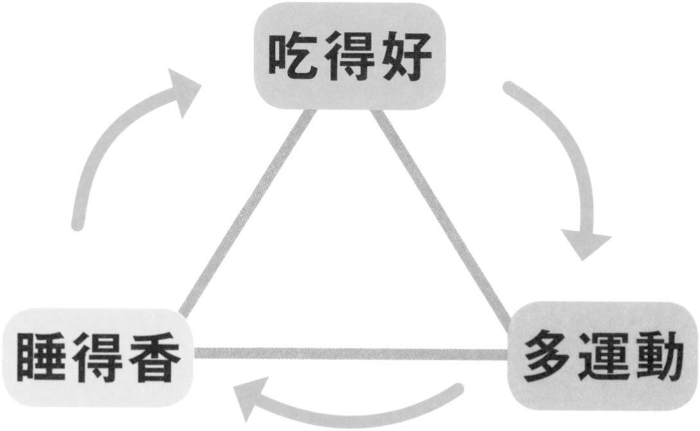

●讓孩子睡10個小時以上

常言道：「一眠大一寸」，睡覺的時候，身體會分泌成長荷爾蒙，孩子的身體與腦部也會一起成長。
讓孩子養成在固定的時間躺進被窩，關燈自然入睡的習慣。

Point 睡眠有助於記憶的整理，也能讓記憶停留在腦裡。要讓孩子的智能持續發展，就必須重視睡眠。

●讓身體動一動、玩一玩，直到稍微流汗的程度

在戶外活力十足地玩，可增加運動量並增強體力。
下午4點左右是體溫最高的時間，也是「學習與玩耍的黃金時段」，讓孩子們在這段時間好好運動玩個痛快吧。下午盡情地玩，晚上也能夠熟睡。

Point 運動有助於自律神經的運作，也能讓孩子們對外在的事物更有興趣，進而自發自主地展開行動。

能夠邊玩邊活動身體的運動，不僅能培養體力，還扮演提升身體能力，讓生命得以延續的重要功能。

盡情地玩耍會讓身體疲勞，也能讓孩子帶著美好心情快快入睡。

睡眠有助整理記憶，讓記憶停留在腦裡。要讓智能持續發展，睡眠是相當重要的一環。每天早點睡，早晨神清氣爽地起床，會覺得肚子空空的，早餐也能吃得津津有味。

白天充足地運動，傍晚時分就會肚子餓。此外，因為身體獲得良性的疲勞，所以晚上也能快快入睡。早睡當然也能早起。這時肚子又餓了，所以也能盡情地享受早餐。早餐吃得好，身體深處就會湧現能量，體溫也在此時升高，隨即展開一整天的活動。因此，在白天充分運動就等於在維持一整天的生活規律。

自律神經健全，身體就能正常控制體溫、內臟、血管和汗腺的運作！

想必大家對「自律神經」這個詞彙耳熟能詳，但您知道自律神經是如何運作的嗎？

自律神經的運作是人體相當重要的機能之一，接下來就先讓我們談談這部分吧。

自律神經的功能之一，就是感受來自體外的冷熱，再將這種感覺傳至腦部，自動調節體溫來適應環境。

每個人應該都有氣溫驟降，身體發抖或起雞皮疙瘩的經驗吧。這時候往往會下意識地搓搓身體或是原地踏步，藉此讓體溫上升。

而這就是自律神經正在運作的證據，也就是「好冷啊」這個訊息傳達到腦部，身體產生反應的現象。換言之，自律神經正在想辦法應付寒冷。

第二個功能是控制內臟、血管與汗腺的運作。生存所需的呼吸、血液循環、消化、吸收與排泄食物的功能，都是在下意識之間自動調節的。這種維持生命，控制身體重要功能的就是自律神經。

因此，讓自律神經的功能健全，就等於為身

體注入「延續生命的能力」。

因此，各位爸媽一定要讓孩子的自律神經健全地運作，讓他們的身體得到「延續生命的能力」。

只要自律神經能徹底發揮作用，孩子就能擁有滿滿的動力、元氣與集中力。

也因為如此，「吃得好、多運動、睡得香！」才如此重要。

只要這種生活規律得以維持，自律神經與腦部就能透過運動進一步鍛鍊。

「吃得好、多運動、睡得香！」的生活規律有助於孩子健康茁壯。

想要維持如此健康的生活規律，就必須重視白天的運動與遊戲。請讓孩子們盡情地玩耍吧。

能讓身體盡情活動的遊戲，不僅能培養孩子的體力，也扮演著提升身體生命機能的重要角色。

「吃得好、多運動、睡得香！」健康的一日行程表

以下表格是孩子一整天的體溫變化與生活規律養成的建議。

早安
沐浴在晨光之下，生理時鐘將重新啟動

0 1 2 3 4 5 6〔起床〕 7〔早餐〕 8 9 10 11 12〔午餐〕

- 0–6：體溫逐漸下降（夜間時段）
- 6–8：體溫開始上升（早晨時段）
- 8–12：體溫逐步上升（上午時段）
- 12：中午

充足的睡眠：安靜、平和的環境

進食：記得吃早餐。早餐是一天的活力來源，務必吃得營養均衡。早上便便，體內也會變得清爽乾淨。

運動：讓身體的體溫透過運動慢慢上升。盡可能徒步走去幼稚園或托兒所。

運動：透過戶外遊戲讓身體盡情地活動與流汗。

學習與玩耍的黃金時段

晚安

13 14 15 16 17 18〔晚餐〕 19〔洗澡〕 20〔就寢〕 21 22 23 24

- 13–15：睡午覺（下午時段）
- 15–17：體溫最高的時候
- 17–20：體溫準備下滑的時候（傍晚時段）
- 20–24：體溫慢慢下降的時候（夜晚時段）

睡眠時間：讓溫度在上午升高的腦袋慢慢降溫，也讓生理與心理準備迎接一天的下半場。

運動：讓生理與心理徹底活動。

運動：盡可能以步行的方式從幼稚園或托兒所走回家。歸途中，不妨與孩子們聊聊今天發生的事，除了能讓孩子動動腦，也能增加親子間的交流。

進食：可以下點工夫提早晚餐時間。

準備睡覺：早點讓孩子洗澡吧。如果孩子玩得全身是汗，弄得身上髒兮兮的，不妨讓孩子在晚餐之前先洗澡。

安靜入睡：關掉電視與室內燈光，為孩子打造一處能安靜入睡的環境。

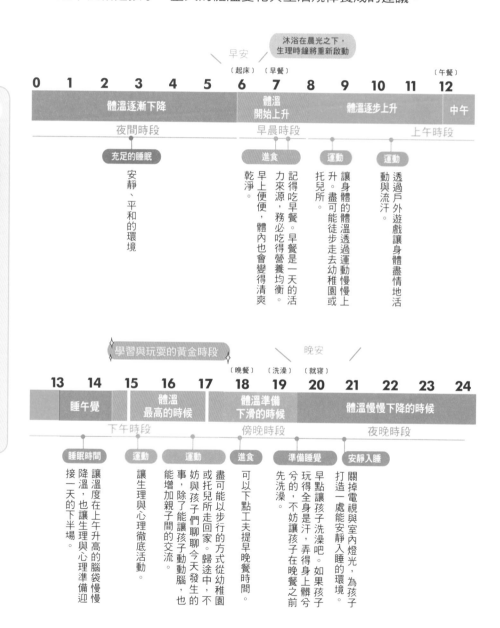

下午3～5點正是「學習與玩耍的黃金時段」

3歲後的孩子，身體能夠因應天氣調節體溫

接下來要介紹的是體溫。

寶寶的身體在3歲之前的嬰幼兒期，調節體溫的功能尚不發達，所以體溫很容易受到外在氣溫影響。

一般來說，出生三天後的體溫較高（36.6度～37.5度，高的時候會接近37.5度）。之後體溫會逐漸下滑，直到第一百天後，才慢慢地穩定在37度左右。

到了2歲之後，平均體溫會保持在36度左右。

暑熱時期，孩子若是到了戶外，身體也會變熱，此時為了散熱會排汗，體溫也會回到36度左右。

反之，天氣變冷時，身體會發冷，體溫也會下滑，所以體溫調節功能會

讓體溫上升，回到原本的狀態。

每個孩子的情況雖各有不同，但過了3歲之後，體溫調節功能就會趨於正常，當孩子在幼稚園或托兒所裡跑來跑去、跳來跳去之後，覺得熱就會自己把身上的衣服脫下來。

在黃金時段讓孩子活動身體，有助荷爾蒙正常分泌

事實上，體溫在一天之內出會現0.6度～1.0度的變化。

凌晨2點～5點左右的體溫最低，下午3點～5點的體溫最高。這是人類的身體經過漫長的歲月之後學到的生理時鐘。

●體溫的一日變化（體溫節奏）

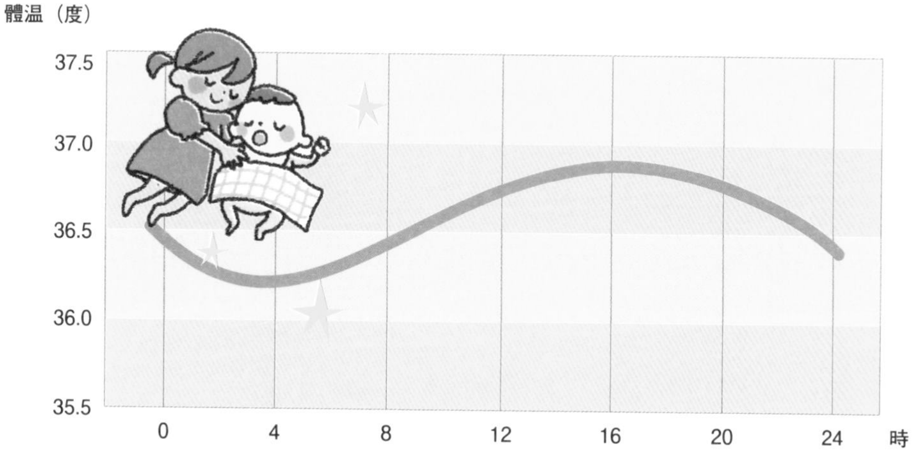

請根據這個生理時鐘，**讓體力尚弱的嬰幼兒在一天之內運動一次吧。等到孩子成長到具有基礎體力的4～5歲之後，除了讓他們在上午玩耍，也請讓他們在下午4點體溫最高的時候玩個過癮，這段時間本來就是最適合運動的時段。**

我把這段時間稱為「學習與玩耍的黃金時段」。

在這段時間裡讓孩子跑跑跳跳，活動身體，就能鍛鍊肌肉，也能讓體溫上升。

如此一來，荷爾蒙也能正常分泌，打造出正常的生理時鐘。

約有3成的孩子體溫異常，導致集中力不足、脾氣暴躁

最近在托兒所或幼稚園越來越常看到不想跟朋友玩，一個人待在旁邊的小孩，也常見到集中力不足，一點小事就立刻翻臉生氣的小孩。「為什麼會這樣呢？」懷抱著這樣的疑問，我試著測量幼稚園5歲學童的體溫，發現有些小孩的體溫居然低於36度，而有些小孩的體溫則超過37度，而且還是接近37.5度的高溫。

約有3成的小孩不是體溫過低就是體溫過高。不僅如此，有些小孩的體溫會在早上的兩小時內出現1度以上的變化。

這代表許多小孩子的體溫調節功能不健全。

為了查明原因，我調查了孩子們的生活習慣，發現許多孩子都有「睡眠不足」、「運動不足」、「早餐沒吃飽」、「常在有空調的室內看電視與玩遊戲」的狀況。

許多孩子的生活變得不規律，所以自律神經也無法正常運作。一旦生活不再規律，體溫調節的功能當然無法正常發揮。

「只要稍微不順利，孩子就立刻發脾氣，或是亂丟東西」、「孩子越來越容易煩躁，集中力不足，容易與朋友發生衝突，也容易對事物失去興趣」，我也經常從家長或幼稚園老師那邊聽到這類意見。

只要活動身體，就能治好體溫異常的毛病！

接著我又進行了另一項調查。研究後發現，把孩子帶到戶外，讓他們忘情地玩耍，透過上午的運動遊戲讓他們活動肌肉，體溫原本在36度或低於36度的幼稚園學童的體溫會慢慢上升，而體溫原本在37度以上的孩子，體溫則會慢慢下降。

不管是體溫過低還是體溫過高的孩子，只要好好運動，體溫都能回到36度到37度之間。

這代表透過遊戲活動身體，可讓體溫調節的功能甦醒。

再者，每天運動兩小時的習慣持續十八天之後，體溫調節功能失常的孩子人數也減少了一半。

重點在於一到早上8點50分就讓孩子到戶外玩耍，僅此而已。

如此一來，來到學校時體溫原本在37度以下的幼稚園學童，也能透過運動遊戲讓體溫升高。

體溫原本在37度以上的小孩在上午比平常多走200～400步之後，體溫也會下降。

原本體溫過高的孩子在幼稚園裡運動之後，因為身體的排熱功能變得更發達，所以體溫也會跟著下滑。

總之，**孩子需要多運動。為了達到這個目的，請爸媽盡可能為他們創造運動的機會。**

元氣滿滿的小孩

元氣滿滿vs.沒元氣，你的孩子屬於哪一邊呢？

時段	時間	活動
睡眠	6	起床
	7	吃早餐
	8	便便
上幼稚園	9	
	10	戶外遊戲
幼稚園生活	11	
	12	午餐
	13	
	14	睡午覺
	15	
下午時段	16	戶外遊戲
	17	
	18	晚餐
	19	洗澡
夜晚時段	20	
	21	就寢
	22	
睡眠	22	

睡足10個小時以上，每天早上6點多起床。

早起後，維持低體溫。
在兩個多小時之內，體溫會慢慢回升。

體溫上升至最適合活動的36.5度。
盡情地活動身體。

學習與玩耍的黃金時段

體溫達到巔峰的3～5點，是活力與集中力最飽滿的時段。在此時盡情運動，可以發揮體內的運動能量，也能讓情緒變得更加開朗。

帶著開心的情緒進入夢鄉吧。

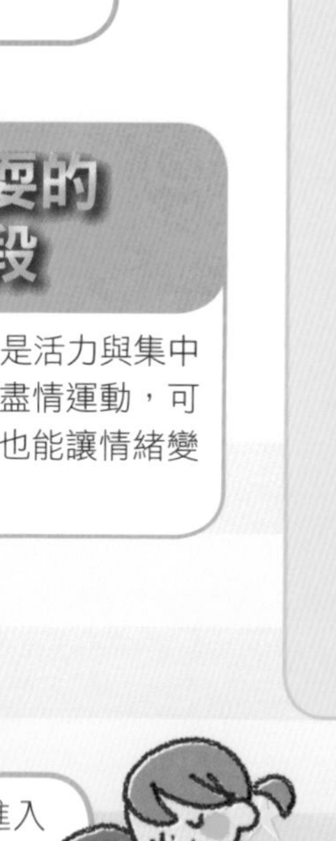

沒元氣的小孩

改善這裡！
首先讓孩子睡飽10個小時。讓孩子養成早睡早起的習慣。

持續睡眠不足，8點多起床。
沒時間吃早餐，就準備去幼稚園或托兒所。

改善這裡！
早餐是活力來源，請務必好好吃早餐。便便後，身體會變輕，也會變得更活潑好動。

因為沒吃早餐，所以只會坐在原地發呆。一下子就說「我累了」。

午餐暴飲暴食。空蕩蕩的胃袋突然裝進一堆食物，會使血糖突然上升，對身體非常不好。

改善這裡！
缺乏運動就不會餓。而且在黃金時段打電玩實在太可惜！請把這段時間調整成孩子活動身體或學習與人接觸的時段。

在有空調的涼爽室內玩遊戲。

晚餐吃不下。

改善這裡！
請早點吃晚餐與洗澡，重視孩子的作息時間管理。
就寢前，請先把電視關掉，讓房間變暗，打造一個適合睡覺的安靜環境。

看電視看到深夜，或是晚上還吃零食，就會睡不著。

時間	活動	時段
6		睡眠
7		睡眠
8	起床	
9	起床	上幼稚園
10	起床	上幼稚園
11		幼稚園生活
12		幼稚園生活
13	午餐	
14	午餐	
15		
16	室內遊戲	下午時段
17	室內遊戲	下午時段
18	室內遊戲	
19		
20	晚餐	夜晚時段
21	晚餐、電視・消夜	夜晚時段
22	電視・消夜	
22	就寢、電視・消夜	睡眠

1歲～1歲3個月

隨著音樂活動身體，自然掌握律動感！

孩子為了維持姿勢，除了會腹部用力，也能慢慢地學會使用全身的肌肉。遊戲時，可播放孩子愛聽的音樂，營造歡樂的氣氛，讓孩子在這種氣氛下培養肌耐力與平衡感。

●訓練的能力

・站在搖晃的膝蓋上學習平衡。

・隨著節奏站著、坐著、四處跑，藉此掌握平衡感與韻律感。

1 憤怒鳥發射

肌耐力　平衡感

●爸爸可讓孩子站在單手上，另一隻手扶在孩子胸口附近。

●孩子會學習如何平衡地站著。

●一邊説：「憤怒鳥發射！」一邊扶住孩子的肚子，再將他慢慢交給媽媽。

●媽媽要牢牢地撐住孩子的腋下。

※可培養空間認知能力。

孩子會因為身體往下倒的刺激感而開心。
憤怒鳥發射！

2 膝蓋大挑戰

肌耐力
平衡感

- 牢牢地握住孩子的雙手，讓孩子的雙腳穩穩地站在妳的膝蓋上。
- 鼓勵孩子自由地彎曲或伸直雙腳。

3 抖抖平衡木

肌耐力
平衡感
靈巧度

- 雙腿打直坐在地上，再讓孩子站在膝蓋上。
- 牢牢握住孩子的雙手，再讓膝蓋往上下左右輕輕搖晃。

4 起立！

肌耐力 平衡感 爆發力

- 先坐下來，與蹲著的孩子面對面，並握住孩子的雙手。
- 對孩子說：「起立！」讓孩子原地站起來。

媽媽手心朝上比較容易扶起孩子。

5 1、2、3，蘿蔔蹲

肌耐力 平衡感 韻律感

- 與孩子一起蹲著，手牽著手。隨著「1、2、3」的口號與孩子一起站起來或蹲下。
- 熟悉動作後，可以不用牽著孩子的手。
- 蹲下時可以加上拍打地面或往上跳的變化。

配合口號做動作，能讓孩子學習律動感。

6 一起跳舞吧！

肌耐力
平衡感
韻律感

- 牽著孩子的手，面對面站著。
- 一邊說：「1、2。1、2。」一邊以兩拍的節奏，前後左右或S型方向踏步。
※可培養空間認知能力。

選首孩子喜歡的歌，
更能樂在其中。

7 宇宙航行

肌耐力
平衡感

●爸媽先仰躺在地上，在握住孩子的雙手之後，將孩子的身體托在腳底，再緩緩地把孩子的身體往上撐。

●彎曲或打直你的膝蓋，讓孩子學習平衡感。

※可培養空間認知能力。

腳底撐住孩子的大腿根部附近，姿勢會比較穩定，孩子也較容易學習平衡感。別忘了與孩子眼神交會，交換彼此的笑容哦。

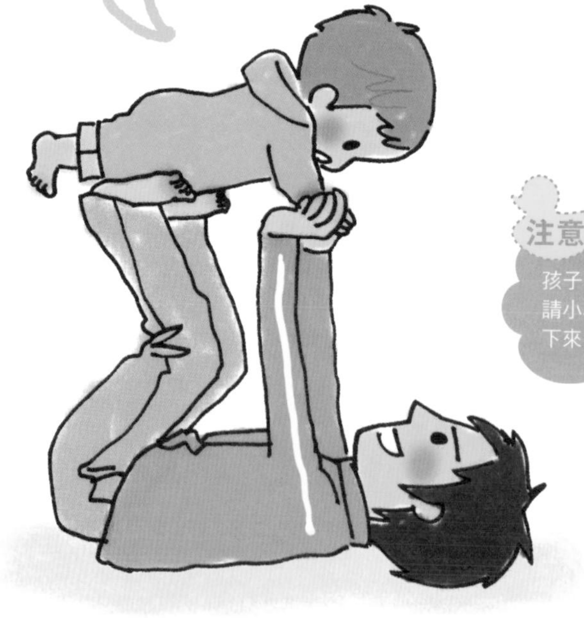

注意

孩子有可能會亂動，請小心避免讓孩子摔下來。

8 信任遊戲

肌耐力

平衡感

●讓孩子站著，再坐在他的對面。

●握住孩子的雙手，再讓雙手往前後左右移動，破壞孩子的平衡。

●熟悉動作後，可用單手握住孩子的雙手。

以單手進行遊戲時，要讓自己保持隨時可扶住孩子的姿勢，以免孩子不小心跌倒。

1歲4個月～1歲7個月

倒立、吊單槓、翻筋斗，強化肌耐力！

這個階段的親子遊戲可培養寶寶全身的肌耐力。把寶寶的身體往上拉或旋轉的困難動作，更能讓寶寶樂在其中。

●訓練的能力

- 學習維持平衡的能力。
- 隨著韻律或站、或坐或跑步，培養平衡感與韻律感。

1 一飛沖天

肌耐力　平衡感

●從孩子背後握住孩子雙手，說聲：「咻～要飛囉！」再把孩子往上拉。

●將孩子拉高或放低，也可稍微左右搖晃，利用這些動作讓遊戲多點變化。

※可培養空間認知能力。

這是讓手臂與背骨變得強壯的遊戲。慢慢地把高度往上拉吧。

注意

孩子很喜歡這類帶有刺激感的動作，但千萬別突然用力拉扯孩子的手臂。

2 吊單槓

肌耐力

平衡感

爸爸跟媽媽都在場時，讓孩子在中間，爸媽各拉一隻手將他拉離地面，孩子會覺得很有趣。

●牢牢拉住孩子的兩邊手腕，再把孩子拉離地面或是讓孩子吊掛在半空中，也可以讓孩子上下左右搖晃。

※可培養空間認知能力。

3 倒立練習

肌耐力

平衡感

● 先讓孩子趴在地上。

● 握住孩子的腳踝，再慢慢地往上拉。

※可培養上下顛倒的空間感覺。

遊戲時間不要太長，讓孩子感覺倒立很有趣即可。

注意

請牢牢抓住孩子的腳，避免孩子的手離開地面時，頭部或臉部撞到地面。

4 空中倒立

肌耐力

平衡感

●先讓孩子趴在地上，握住他的兩腳踝後，以腳、腰、胸、頭的順序，慢慢把孩子的身體拉離地面，直到孩子的手掌心離開地面為止。

●熟悉動作後，可左右搖晃或是上下移動孩子的身體。

●準備放下孩子時，依照手、頭部的順序，讓孩子的身體慢慢回到地面。

※可培養空間認知能力與倒立感。

5 翻筋斗

肌耐力
靈巧度

●先讓孩子趴在地上，再以單手扶在孩子肚子附近，另一隻手則握住兩腳，然後慢慢把腳拉高。

●讓孩子雙手撐地，再讓他的身體慢慢往前翻滾。此時可用單手將寶寶的頭往內側壓。

※可培養支撐身體的感覺與旋轉感。

6 小猴子倒掛

肌耐力

● 先穩穩握住孩子的兩腳踝，再慢慢地讓孩子倒立，將他拉離地面。

● 一邊說：「要晃來晃去囉！」一邊將孩子的身體左右搖晃。

※可培養倒立感與空間認知能力。

注意

雖然孩子會玩得很開心，但請不要讓孩子倒立太久。

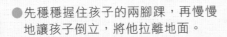

7 飛天掃把

肌耐力
平衡感

●先讓孩子仰躺在地上，再讓他雙手握住棒子（差不多是掃把柄的粗細）。

●將手掌包覆在孩子握著棒子的小手上，再輕輕地握住。

●慢慢地將棒子往上拉，讓孩子以自己身體的力量慢慢往上站。

●感覺到孩子拉住棒子後，再緩慢地把棒子往上拉，讓孩子完全站起來。

●繼續把棒子往上拉，直到孩子吊掛在半空中。

●熟悉動作之後，可試著讓孩子以自己的力量站起來，進一步培養孩子的肌耐力。

8 旋轉木馬

肌耐力
韻律感

●握住孩子的雙手後，對孩子說：「要坐旋轉木馬囉！」讓孩子有個心理準備，再慢慢旋轉他的身體。

●熟悉動作後，可握住孩子的右手、右腳或左手、左腳旋轉。
※可培養空間認知能力。

一開始請先從小圓圈開始轉，慢慢地再放大圈圈。之後還可以在基本的旋轉裡加上波浪般的上下移動，孩子肯定會玩得更開心。

9 小羚羊，跳高高

肌耐力
平衡感
韻律感

●與孩子面對面站著，握住孩子的雙手，再讓她往上跳。

●往上跳的同時，可把孩子往上拉，讓孩子跳得更高。

※可培養空間認知能力。

10 左搖右擺企鵝學步

肌耐力
平衡感
韻律感

- 先與孩子面對面站著，牽起孩子的雙手，再讓他的腳踩在自己的腳背上，然後順著步伐慢慢走，避免孩子的腳掌從你的腳背滑下來。
- 熟悉動作後，媽媽與孩子可試著一同面向前方走。

熟悉這個動作之後，可試著放寬步伐或是把腳抬得高一點，也可以挑戰往左右與後方移動。

11 「我抓到你了～」

肌耐力

平衡感

柔軟度

●先與孩子背對背站著，再讓身體向前彎，然後從雙腿之間看著彼此的臉說：「我抓到你了～」

※可培養空間認知能力與身體認知能力。

為了培養身體的柔軟度，要盡可能把膝蓋打直喔。

12 丟球遊戲

肌耐力
協調性

- 爸媽坐在地上後，打開雙腳，讓孩子面對面坐在雙腳內側，再將球傳給孩子。
- 孩子習慣拿球後，再以拋球的方式，將球丟給孩子。
- 熟悉動作後，可慢慢拉開距離。

※可培養空間認知能力與身體認知能力。

13 過來抱抱哦！

肌耐力
平衡感
爆發力

●讓孩子站在稍微有點距離的位置，再跟孩子說：「過來這邊喲～」

●等到孩子跑到身邊後，看是要坐著或半蹲，敞開雙手一把抱住孩子。

※可培養空間認知能力。

注意

這段時期，孩子還是會因為微微起伏的地面或障礙物跌倒，所以請務必讓孩子在安全的場所跑。

14 翻滾吧！小寶貝

肌耐力
靈巧度

● 讓孩子雙手撐地，媽媽牢牢握住孩子的腳踝，然後慢慢地把腳踝往上拉，讓孩子往前方翻滾。

※可培養旋轉感與空間認知能力。

讓孩子往前翻滾著地時，可輕聲提醒孩子，讓孩子的背部拱成圓弧狀。

1歲8個月～2歲

左右跳、追逐氣球，擴大視野與空間！

逐漸學會走路、跳躍與爬行這類基本的運動技巧，也可培養平衡感與韻律感這類感覺。

●訓練的能力

・寶寶眼中的世界已有改變，開始認識自己所處的空間，掌握空間認知能力。

1 金雞獨立

肌耐力　平衡感

●扶著寶寶的手，讓他單腳站立。

這項遊戲可讓寶寶的腳部肌肉更加發達，只要在旁邊扶著，他就能學會單腳站立。一開始雖然會站得不太穩，但習慣後，就能保持平衡。

2 小山地震囉！

肌耐力
平衡感
靈巧度

- 媽媽先趴在地面，再讓寶寶走在媽媽的背上。
- 寶寶熟悉動作後，媽媽可讓自己的身體左右搖晃，增加這個遊戲的難度，讓寶寶學會控制平衡的方法。
  ※可培養全身的調整力。

注意

請不要穿太多件衣服，也不要穿材質容易打滑的衣服，以免孩子從背上摔下來。

3 小白兔蹦蹦跳

肌耐力
平衡感
韻律感

- 請先坐在地上，張開雙腳，再撐著孩子的腋下，然後喊「1、2、3」的口號，順著口號把孩子往上抬。
- 配合孩子伸直雙腳的時間點將孩子往上抬，做出類似跳躍的動作。
- 可讓孩子咚咚咚地原地跳，或讓孩子跳過左右兩側的腳。
  ※可培養空間認知能力。

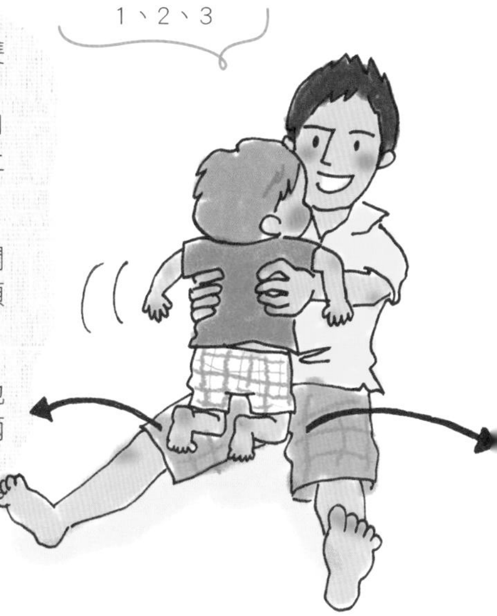

4 小手邁步走

肌耐力
持久力

●讓孩子保持伏地挺身的姿勢，媽媽再用手托起孩子的肚子。

●讓孩子維持數秒腳部稍微上抬的姿勢，或是握住孩子的腳踝，讓孩子以手代腳步行。

※可培養支撐身體的感覺。

有的孩子一開始沒辦法用手代腳走路。請務必隨著孩子的動作慢慢進行遊戲。

5 泰山盪樹籐

肌耐力
持久力

●讓孩子抓住你的手臂，憑自己的力量吊掛身體。

一開始可讓孩子吊在離地面不遠的高度，之後再慢慢地提升高度。

這個年齡正值走路、跑步、跳躍這類基本運動能力成長的時期，透過這個遊戲強化這些基本運動能力吧。

6 1、2左右跳

肌耐力
平衡感
韻律感
爆發力

●請先坐在地上，張開雙腳，讓孩子學會以自己的力量跳躍。

●為了讓孩子跳得更有律動感，可搭配「1、2、跳」的口號。

※可培養空間認知能力。

7 灌籃高手

肌耐力
爆發力
靈巧度

●站在孩子面前，再把拿著球的雙手伸到孩子面前。

●對孩子說：「跳高高碰球！」讓孩子往下蹲，再向上彈跳。

※可培養空間認知能力。

8 跑跑跳跳追氣球

肌耐力
平衡感
協調性

● 跟孩子面對面站著，再輕輕互推紙氣球或氣球。

● 由於孩子無法控制氣球的方向，請將氣球推到孩子可以碰到的位置。

注意

孩子在追逐氣球時，會忘了周圍的障礙物，請在安全寬廣的場所進行這項遊戲。

3~6歲，低年級也OK！

速度快的高難度動作，爆發力與肌耐力UP！

接下來要介紹3歲以上的孩子都可以進行的遊戲。這些遊戲摻雜了較快與難度較高的動作，能進一步培養孩子的肌耐力與爆發力，孩子的身體也能自然地具備速度感與持久力。

●訓練的能力

・可增強肌耐力與掌握平衡感、旋轉感。
・同時可培養出有助於敏捷行動的爆發力與靈敏性。
・體力也得以全面提升。

1 自由落體

肌耐力
平衡感

●站著撐住孩子的腋下，一邊對孩子說：「飛高囉、飛高囉！」一邊將孩子抬高，然後將孩子撐在高處。

※可培養空間認知能力。

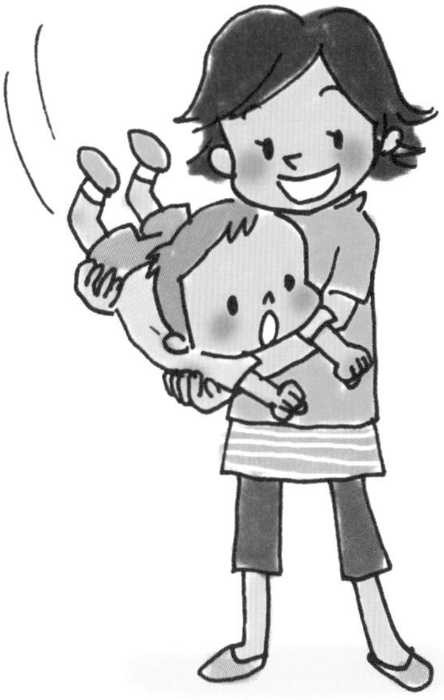

2 小飛俠

肌耐力

平衡感

● 扶住孩子的胸部與大腿，再慢慢將孩子往上抬。可一邊旋轉孩子的身體，一邊讓孩子的身體如波浪般上下移動。

※可培養空間認知能力。

3 離心力大冒險

肌耐力

韻律感

抱住孩子的時候，讓他兩手向上抬，作出喊萬歲的姿勢，再慢慢地放倒孩子的身體，然後緩慢地讓他的身體旋轉。孩子若感到緊張，請抱著孩子，與他一起慢慢地旋轉。

● 將孩子抱在懷裡，用手扶住腰部與背部，再讓孩子慢慢地呈頭下腳上的姿勢。

● 用腋下牢牢挾住孩子的腳，再慢慢地旋轉孩子的身體。

● 熟悉動作後，可加快旋轉的速度，也可上下旋轉孩子的身體，改變旋轉的方向。

※可培養孩子倒立的感覺。

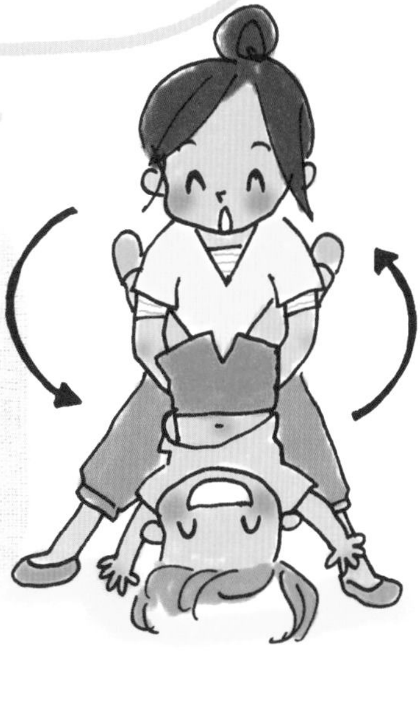

4 機器人走路

肌耐力
平衡感
韻律感

一起喊口號打拍子，動作會更順暢。

- 與孩子面向同一方向。
- 讓孩子的雙腳踩在你雙腳的腳背上，牽著他的手，一邊喊口號，一邊向前走。
- 熟悉動作後，可往旁邊或向後跨步走。

5 手推車大力士

肌耐力
持久力
靈巧度

這是可以讓孩子使用腹肌、背肌與臂力，有律動地移動的遊戲。

- 讓孩子保持伏地挺身的動作，再抬高孩子的腳踝。
- 讓孩子往前、往後移動，或是在步行時拉高或放低孩子的腳踝。

※可培養支撐身體的感覺。

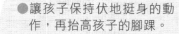

6 倒立機器人

肌耐力
持久力
韻律感

- 將孩子的雙腳往上拉，讓孩子呈倒立姿勢。
- 讓倒立的孩子將手放在你的腳背上。
- 將孩子的兩邊腳踝微微往上拉，再開始往前走。

※可培養倒立的空間感覺。

7 小松鼠繞圈跳

肌耐力
韻律感
靈巧度
爆發力

- 請先坐在地上，並張開雙腳。
- 讓孩子雙腳跳過你的腳。
- 跳過之後，讓孩子繞過你的背後，轉到前面來再跳一次。
- 熟悉動作後，可讓孩子試著單腳跳、橫著跳或是往後跳過你的腳。

8 跳跳鑽山洞

肌耐力
平衡感
爆發力
靈巧度
速度感
韻律感

●請先坐在地上，伸直雙腳，讓孩子跳過你的腳。

●孩子跳過去之後，將腰部抬高，讓孩子從腰部底下鑽過去。

※可培養空間認知能力。

媽媽也能夠鍛鍊腹肌，打造迷人的小蠻腰。

9 小地鼠鑽樹根

肌耐力
靈巧度
韻律感

●雙手撐在地上再抬高雙腳，讓雙腳與身體呈V字型。

●讓孩子從雙腳下方鑽過去。

※可培養空間認知能力。

除了讓孩子爬過去，也可試著挑戰讓孩子仰躺著，以後背著地的方式鑽過去。

10 大力士移山

肌耐力
爆發力
持久力
靈巧度

● 告訴孩子：「讓我們來試試你的力氣有多大？」邀請他一起玩遊戲。

● 媽媽先仰躺在地上，雙手向外攤開，兩腳垂直立起，並保持雙腳的平衡。

● 讓孩子試著推倒你的雙腳。

※可培養協調性與身體認知能力。

如果媽媽的腳被推倒了，下一次可試著讓孩子挑戰爸爸。

11 默契大考驗

爆發力
韻律感
靈巧度
協調性

●媽媽先坐在地上，雙手撐地將雙腳伸直。

●喊「石頭」，打開妳的雙腳，讓孩子跳起來後併攏雙腳。

●喊「布」，讓孩子打開雙腳跨站著。

●一邊喊「石頭、布」，一邊讓孩子有韻律地反覆跳。

●熟悉動作後，讓孩子背對著妳跳。

※可培養空間認知能力。

12 屁股拍拍

敏捷度
靈巧度
爆發力
速度感

- 和孩子面對面握住彼此的手。
- 想辦法用另一隻手拍對方的屁股。
- 想辦法不被對手拍到自己的屁股。

※可認識身體並培養空間認知能力。

除了握手之外，還可以改成抓住毛巾兩端的方式進行，動作幅度會變得較大，運動量也會增加。

13 猜拳玩踏腳

爆發力
敏捷度
靈巧度

- 與孩子面對面站好，牽著彼此的雙手。
- 喊出：「剪刀、石頭、布！」再用腳做出動作。
- 勝方可用腳踏輸方的腳。
- 輸方可跳起來避免腳被踩到。

※可認識身體並培養空間認知能力。

也可以試著玩表情猜拳。
嘴巴張得開開的是「布」；
嘴巴嘟得尖尖的是「剪刀」；
讓兩頰鼓起來是「石頭」。

14

平衡飛機

肌耐力

平衡感

- 請先仰躺在地上，雙手向外攤開，膝蓋彎曲，雙腳朝上。
- 讓孩子的肚子抵在向上抬的雙腳上，再提醒孩子身體微微往前倒。
- 抓準時間點，將孩子撐到半空中。

※可培養調整力、空間認知能力。

移動型
運動技巧

動作升級！
潛能開發親子遊戲

這次要介紹的是各種運動技巧，只要能做出相關的動作，不論幾歲都能挑戰這類遊戲。

1 小小兵任務

肌耐力　靈巧度

● 準備兩張椅子，再用橡皮繩綁住椅腳。

● 讓孩子鑽過橡皮繩底下。
※可培養空間認知能力。

如果已經學會基本動作，不妨嘗試下列的動作

· 讓孩子橫躺，以橫躺的姿勢滾過橡皮繩底下。

· 讓孩子呈仰躺的姿勢，再以手、腳的力量鑽過橡皮繩底下。

2 膝蓋前滾翻

肌耐力　靈巧度　柔軟度

- 坐在地上後，伸直雙腳，再讓孩子跨坐在大腿上。
- 扶著孩子的後腦勺，再讓孩子向前直線翻滾，此時要小心別讓孩子摔到地上。

提醒孩子縮下巴，眼睛看著肚臍，會翻滾得更順利。

可能還無法挑戰這項遊戲的孩子

- 讓孩子橫躺在腳上，再往前滾動。

若孩子不太會翻滾

- 媽媽可將坐墊或是抱枕墊在屁股底下墊高高度，再把雙腳當成溜滑梯，讓孩子輕鬆地往前翻滾。

3 報紙賽跑選手

爆發力　速度感

● 請先準備報紙。

● 讓報紙靠在孩子的胸口附近，再讓孩子高舉雙手往前跑，避免報紙掉到地上。
※可培養空間認知能力。

如果已經學會基本動作，不妨嘗試下列的動作

・在前方擺一張椅子，讓孩子繞過椅子之後往回跑。從直線轉換成弧線時會使難度增加。

4 報紙障礙跳

爆發力　靈巧度　韻律感

●將報紙折成橫長的形狀，再由媽媽與爸爸抓住報紙兩端。

●讓孩子從報紙上方跳過。

※可培養空間認知能力。

如果已經學會基本動作，不妨嘗試下列的動作

· 媽媽與爸爸可拉高報紙的高度，讓孩子從報紙底下鑽過去。

· 可隨著韻律讓孩子重複跳過與鑽過報紙的動作。

可能還無法挑戰這項遊戲的孩子

· 將報紙捲成棒狀。

· 將報紙捲成的棒子貼近地面，再讓孩子跳過棒子。熟悉動作後，可試著讓孩子挑戰正常的跳躍。

5 抓到你的尾巴了！

爆發力 敏捷度 靈巧度

- 先準備兩條毛巾。
- 將毛巾塞進褲子或裙子的鬆緊帶裡，做成像尾巴的樣子。
- 左手互握，再用右手抓彼此的尾巴。

如果已經學會基本動作，不妨嘗試下列的動作

・左手不互握，直接互抓尾巴。

1 輕飄飄的氣球

協調性　敏捷度

● 先準備紙氣球或氣球。

● 面對面，將氣球拍往彼此。

● 將氣球往左右兩側拍，讓孩子學會將氣球往左右拍的技巧。

※可培養空間認知能力。

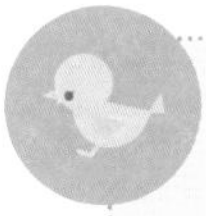

可能還無法挑戰
這項遊戲的孩子

· 將氣球拿到孩子碰得到的位置。

2 挑戰坐著投球

肌耐力 協調性

- 先準備幾張報紙。
- 其中一張揉成圓球；另一張捲成圓筒狀，再將其中一端捲緊，才方便握住。
- 讓孩子坐在地上，雙腳打直後，讓孩子以雙手拋出報紙揉成的球。
- 用圓筒接住孩子拋出的球。

如果已經學會基本動作，不妨嘗試下列的動作

· 可拉長兩人之間的距離，讓孩子能越拋越遠。

3 跳繩真有趣！

爆發力　協調性　韻律感

- 準備一張椅子與一條繩子。
- 將繩子的一端綁在椅子上，另一端由孩子握住。
- 教孩子將繩子甩成圓弧狀。
- 媽媽跳過孩子甩過來的繩子。

※可培養空間認知能力。

如果已經學會基本動作，不妨嘗試下列的動作

・請孩子加大手臂的動作，將繩子甩成一個大圓。

4 迷你足球賽

協調性　爆發力　速度

●請先準備一顆球。若手邊沒有球，可用報紙揉成的球代替。

●喊出開賽的口號，進行足球比賽。

※可培養空間認知能力。

將球做給孩子，讓孩子學會用腳控制球的動向。

1 飛天魔毯

肌耐力　平衡感

- 請先準備一條大浴巾。
- 將大浴巾鋪在地面，讓孩子兩腳伸直坐在上面。
- 抓住大浴巾的兩邊角落，出聲提醒孩子後，就把大浴巾往後拉。

可慢慢地往後拉，再加速往後拉。花點心思加點變化，孩子一定會玩得更開心。

2 浴巾獨木橋

平衡感　肌耐力　靈巧度

- 先準備一條大浴巾。
- 將大浴巾折成細長的棒狀。
- 提醒孩子在大浴巾上面走的時候，不要從上面掉下來。

※可培養身體認知能力與空間認知能力。

3 小小專業馬術師

肌耐力　平衡感　靈巧度

- 請將雙手雙腳撐在地上，做出四肢撐地的姿勢。
- 讓孩子攀上你的背，再讓他站在背部的正中央。

※可培養空間認知能力。

可能還無法挑戰這項遊戲的孩子

・請先趴在地上，讓孩子站在你的臀部。等到熟悉動作後，可試著讓孩子原地轉圈，或是走到你的肩膀附近。

4

登上膝蓋山

肌耐力　平衡感

- 與孩子面對面站著，並握住他的雙手。
- 在握住孩子雙手的狀態下，讓孩子的腳慢慢爬上你的膝蓋。
- 牢牢握住孩子的雙手，讓孩子學習保持平衡不掉下去。

1 小猴子抱樹

肌耐力　持久力

- 讓孩子緊緊抓住你的腳。
- 像機器人一樣走路。

※可培養身體認知能力。

爸爸與媽媽平常很少活動這部分的肌肉，可別一下子太勉強囉。

動作升級！移動型運動技巧
動作升級！操作型運動技巧
動作升級！加強平衡感型運動技巧
動作升級！臨場反應型運動技巧

2 原木推推推

肌耐力　持久力

- 媽媽先躺在地面上。
- 叫孩子推滾你的身體。此時請全身用力，阻止身體滾動。
- 鼓勵孩子拚命推動你的身體。

3 無尾熊抱抱

肌耐力　持久力

- 雙手、雙腳著地，作出四肢趴地的姿勢。
- 讓孩子緊緊抱在你的肚子附近。

讓孩子緊緊地抱住你的身體，而不是抓著衣服。

如果已經學會基本動作，不妨嘗試下列的動作

‧可在孩子抱緊你的同時，慢慢地向前爬行。

4 長臂猿掛樹枝

肌耐力 持久力

- 爸媽先微蹲，讓孩子用雙手環抱你的脖子。
- 慢慢地將背肌挺直。
- 輕輕搖晃孩子的身體。
  ※可培養身體認知能力。

5 坐電梯升高高

肌耐力 持久力

- 讓孩子站在媽媽與爸爸中間。
- 讓孩子的雙手分別握住媽媽與爸爸的手腕，媽媽與爸爸再把孩子往上拉。

※可培養空間認知能力。

往上拉之前請先出聲提醒孩子，千萬別猛然往上拉喔。

column

點心的選擇，太甜太油NG！需要咀嚼GOOD！

成人可透過早中晚三餐的攝食維持一整天的活動，但正值成長期的孩子只靠三餐是不夠的。

孩子的胃容量不如成人，腸子的功能也還在發展中，無法一次吃太多，因此必須藉由點心補充三餐不足之處。請把點心也當成孩子日常飲食的一部分吧。

如果是小小孩，一天的進食需要細分為4~5餐。

Q1 點心的分量該如何拿捏？

A 請不要一次給孩子一整袋的點心。可分成小袋或是裝在小盤子裡。避免選擇太甜或太油的點心，稍微需要咀嚼的點心是較佳的選項。

Q2 何時給孩子吃點心？

A 請避免在午餐與晚餐之前給孩子吃點心。在正餐與正餐之間（例如上午10點與下午3點這兩段期間）給孩子吃點心，可以避免孩子對正餐沒胃口。最好能在固定時間吃點心。

Q3 孩子可以喝運動飲料嗎？

A 運動飲料或水果口味的飲料即使對身體有好處，但同時也含有高度的糖分。

即使是含糖量高的飲料，包裝上還是會印著「少糖」或「自然甜味」，糖分的基準到底是多少，從包裝上是看不出來的。喝太多這類飲料會導致蛀牙與肥胖的問題發生，所以請讓孩子偶爾開心地喝一點就好。

Q&A

睡眠、三餐、潛能開發遊戲

前橋教授解答爸媽最想知道的問題

孩子需要多長的睡眠？早餐該吃什麼好？
寶寶不想照順序玩遊戲怎麼辦？
孩子不愛動，如何吸引他的興趣……
一次解答爸媽最想知道的疑問。

讓孩子多睡覺！熟睡可促進孩子的心靈與腦部成長

孩子所需的睡眠時間，至少要10個小時

要養成良好的生活規律，睡眠是一大關鍵。

俗話說：「一暝大一寸」，成長旺盛的孩子白天若能活潑地在戶外跑跑跳跳，晚上就可進入深沉的睡眠。

到底孩子需要多少睡眠時間呢？

當孩子還是小嬰兒的時候，常常睡了又起，起了又睡，不斷重複著短暫的睡眠，但請至少讓孩子睡足16個小時。

一旦孩子斷奶，慢慢地能吃正常食物後，體格也會逐漸茁壯，之後就能透過運動培養體力，而有了一定的體力，睡眠時間自然也跟著減少。

到了5～6歲左右，孩子的腦部已發展至一定程度，身體也有足夠的體力，所以不睡覺仍有精神的時間也會增加，即使不睡午覺也能活潑地玩到下午。不過，體力尚且不足的孩子在嬰幼兒時期後半段至兒童期這段時間，仍然需要午睡恢復體力。

到了5歲左右，孩子的生理時鐘會讓他在晚上8點之後開始想睡覺，這時孩子的身體晚上最少需要睡10個小時，加上午睡，總計是睡11個小時。

孩子們在白天看到的事物，聽到的聲音，都會轉換成大腦裡的資訊。**睡覺的時候，大腦會開始整理這些記憶，而疲勞了一整天的大腦也得以休息與恢復。腦部將在這個反覆的過程中逐漸發育。**

爸爸與媽媽可能也有過這樣的體驗，考試前一晚熬夜讀書，或許能勉強應付隔天的考試，卻往往是考完就忘了，完全無法成為穩定的學力。用功讀書，充分睡眠，讓知識成為記憶，並重複這個過程，才能培養出扎實的學力。

聰明的孩子會讓自己睡飽，讓所有資訊成為大腦裡的長久記憶。

為此，請家長讓孩子得到充足的睡眠喔。

午睡扮演的重要角色

孩子的大腦會在上午玩耍的過程慢慢升溫，其升高的程度有過熱的趨勢，為了避免孩子的腦部太熱，就需要利用午睡讓腦部休息。

當孩子具有一定的體力，不睡午覺也能活潑地玩，但是體力不足的孩子則需要透過午睡讓腦部降溫，回復到正常的體溫規律。

經常聽到有些媽媽怕孩子睡了午覺，晚上就不肯睡覺哭鬧，所以不讓孩子睡午覺，**但是若不在需要休息的時間讓腦部休息，自律神經的功能有可能慢慢下降，荷爾蒙的分泌規律也可能變得紊亂。**

若孩子不想睡午覺，也不用太過勉強，但最好還是替孩子打造一個讓大腦得以歇息的安靜時間（Quiet Time）。

成長所需的荷爾蒙會在晚上睡覺的時候分泌

晚上睡得香，早上醒來後開始活動的生活規律，與腦內分泌荷爾蒙息息相關。

當腦內分泌出促睡的荷爾蒙，人體的脈搏、體溫與血壓也會隨之下滑，睡眠與清醒的規律也得以調整，讓人自然而然地進入夢鄉。

人若健康，促睡荷爾蒙的分泌會在凌晨12點左右達到巔峰，讓腦部的溫度慢慢下滑，使人體進入熟睡的狀態。

此外，晚上熟睡之際，成長荷爾蒙也會持續分泌。

清晨之際，腦部會分泌足以因應白天活動、讓人充滿活力與鬥志的荷爾蒙，此時腦部的溫度會因此逐步上升，也會變得更加清醒。而體溫也會跟著上升，達到暖身的效果。

充分的睡眠可以培養自然的生活規律，讓孩子充分地發揮與生俱來的潛力。

●嬰幼兒各階段的睡眠與活動規律

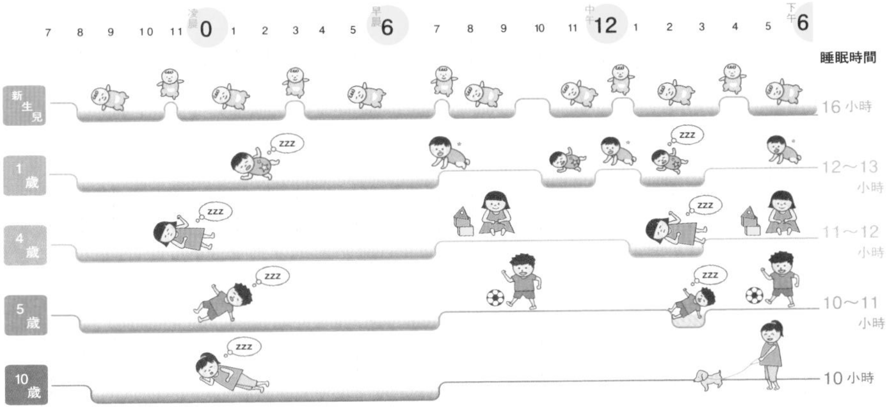

均衡地吃！早餐吃得好，順利排便便

吃得營養排便順暢，元氣滿滿！

充分攝食，充分排便也是打造正常生活規律的關鍵。從嬰幼兒時期開始，為孩子打造吃得營養、排便順暢的生活規律吧。

對孩子來說，吃飯這件事不光只是攝取營養，還是與家人一同度過的快樂時光，心靈可以得到充分的營養補給。

孩子長大後會上學、去補習班，也會參加許多社團練習，一年比一年來得忙碌，為了因應日後所需，請替他們自小開始打造正確的飲食生活吧。

早上排便是身體健康的訊號，養成早上蹲馬桶的習慣

正常吃三餐、充分運動與睡眠，早上就能順利排便。就生理而言，早上

比較容易排便。

當身體吸收食物的營養，食物的殘渣就會堆積在大腸裡。較容易消化的食物會在7～9個小時左右成為糞便，較不易消化的食物則需要24個小時左右。

晚上用餐後，經過睡眠，容易消化的食物會在隔天早上到達大腸內的最佳位置。

當食物在早上進入空蕩蕩的胃袋，「有食物進來囉」的訊號就會傳至大腦。一旦食物進入胃裡，大腸就會開始蠕動，將內部的殘渣往外堆。大腸蠕動的巔峰期就在早上。

請養成早上固定蹲馬桶的習慣，即便沒有便意也沒關係。每天早上都固定蹲馬桶，可從3歲左右養成正常的排便習慣。

如果不吃早餐，生活會變成什麼樣呢？

一天只吃兩餐，食物的殘渣不足以堆成足夠的糞便量，也容易產生便秘的問題。腸內殘渣不足就無法產生排便反應，是人體的自然機制。

早餐若只吃餅乾類的點心、甜麵包或牛奶，食物殘渣不太容易產生，也很容易引起便秘的問題，所以請多注意早餐的內容。

早餐吃魚類和豆類製品，為身體補充元氣

便便呈現適當的軟度最理想。**若要兼顧營養，和食可說是最適當的早餐。**也就是白飯、味噌湯、納豆搭配魚肉的菜色。尤其豆類製品含有豐富的卵磷脂，有增強記憶力的效果。

爸媽若覺得自己的記憶力隨著年紀逐漸下滑，就與孩子一起積極地攝取豆類製品吧。

此外，魚肉含有DHA，可以穩定心靈。

研究證實，經常攝食魚類的國家，憂鬱症的機率較低。

若是早上太忙，沒辦法準備如此豐盛的早餐，不妨煮鍋摻有大量蔬菜或豆腐的味噌湯，也是一項很不錯的選擇，而且也有助於排便順暢。

排便暢快的小孩＝人生暢快的小孩！

在幼稚園或托兒所裡，有些小朋友顯得元氣滿滿，有些小朋友則坐在一旁，既不想動，也動不了。

元氣十足的小朋友最晚9點就會睡覺，而且是10個小時以上的熟睡。

這些小朋友會吃頓營養充足的早餐，也通常會在早上就排便，讓身體變得乾淨清爽。由於身體內部沒有多餘的東西，所以總是元氣滿滿，看到這些小孩總讓人不自覺地露出微笑。「老師，待會要幹嘛呢？」「這個我會喲！」「這個讓我來做！」這些小朋友總會接二連三主動地提出這類需求。光是這種什麼都想試試看的企圖心，就足以應付升學考試的挑戰。

這些孩子的身邊總圍繞著正面的能量，所以才說「排便暢快的孩子＝人生暢快的孩子」。

反之，早上不排便的孩子，胃裡殘留著食物，三餐、運動與睡眠也不規律，導致胃部不消化食物，身體也無法湧現食欲。更糟的是，有些小孩還吃宵夜，徒增胃部的負擔。

不吃早餐就無法排便，也就容易引發便秘的問題。

忽略早餐，身體無法得到活動所需的能量，也無法順利排便，就會覺得身體沉重得動不了。就算跟這類小孩說「讓我們去戶外玩吧」，玩砂坑時他也只會坐著不動，或是躲在樹蔭底下休息。

長久以往，這類小孩從嬰幼兒時期就遠遠落後那些元氣十足的孩子了。

各位爸媽，請讓孩子成為一個排便暢快與人生暢快的人吧。

家長最想知道的潛能開發遊戲 Q&A

我收到許多家長們的問題，
在此精選一些重複性較高的問題回答。

Q 我家小孩不太喜歡照順序玩遊戲，不照順序玩也沒關係嗎？

A 不照順序玩遊戲也沒關係喔。
若孩子對遊戲沒興趣，或是覺得太簡單，他當然不想玩啊。
不要勉強他，不然反而會破壞孩子想玩遊戲的心情。

Q 我家小孩目前8個月大，卻很想玩1歲小朋友的親子遊戲。可以讓他們玩嗎？

A 沒什麼問題，只要注意安全即可，但是別讓他玩得太久或是玩太多遍。

Q **玩遊戲的時候可以搭配音樂嗎？什麼音樂比較好呢？**

A 必須專心的遊戲最好不要放音樂。例如得先出聲提示開始的遊戲就不需要音樂，親子才能眼神交會，並且將注意力放在遊戲的口號上。

運動量較大或具有競爭性的遊戲則可搭配節奏輕快的音樂，例如運動會常播放的背景音樂。

Q **我是職業婦女，孩子送到托兒所照顧。我自己的時間非常不夠，沒辦法每天跟孩子一起做親子遊戲。希望教授能夠教我一些能輕鬆進行的親子遊戲。**

A 親子遊戲經常給人很耗時間的感覺。但本書介紹的潛能開發親子遊戲只要一點時間即可。遊戲配合孩子各個階段的成長進度設計，每階段約有15種可供自由選擇，也沒有非做不可的項目，只要有2～3分鐘的時間，就能完成想玩的親子遊戲。其中有些遊戲可以讓孩子跟著媽媽或爸爸的口號進行，不會在媽媽工作疲勞之餘還造成體力上的負擔。

不過，請務必騰出一段時間，讓孩子享受獨占媽媽的愉悦。對孩子來説，這是最珍貴、幸福的時間。即便生活忙碌，也請透過親子遊戲與孩子建立肌膚之親的交流與溝通吧。

Q 親子遊戲該玩多久？有沒有固定的標準呢？

A 本書54頁中曾提過，親子遊戲不像成人那般，需要設定幾分鐘的標準。大致上，就是達到孩子心跳加速，身體出汗的程度即可。這樣可以讓自律神經正常運作，也能增強體力與培養運動能力。

Q 我家孩子不太擅長運動，找他玩遊戲也興趣缺缺。我知道運動對他有好處，但該怎麼讓他喜歡運動呢？

A 與其說孩子不擅長，不如說是他因為覺得不好玩而不想玩吧。玩完遊戲後，沒辦法讓孩子產生「啊，剛剛好好玩喲」「還想繼續玩」的想法，所以孩子不想玩。請先仔細觀察孩子的動作，適當給予鼓勵或稱讚後再開始遊戲吧。

Q 我不讓孩子看電視，但常讓他看英語教學DVD。是不是連這種DVD也別讓孩子看會比較好呢？

A 請注意觀看DVD的時間。在睡前看DVD，電視光線的刺激會影響睡眠，所以千萬別在睡前看。也別在與家人一同用餐的時候看。

Q 我家小孩已經3歲了，卻因為發育遲緩的問題，導致體重太輕，體力也不足，也很難持續做同一件事情，但我還是想讓他培養點體力。該做哪些親子遊戲會比較恰當呢？

A 即便是發育遲緩的小孩，只要讓孩子做些會覺得快樂的動作或遊戲，他們一樣會想黏在媽媽身邊玩。
不須太過執著於哪些遊戲該玩多久才好，和孩子輕鬆地嬉鬧、搞笑也是很棒的親子遊戲。不管是哪種遊戲，能讓孩子活動身體與綻放笑容就沒問題，孩子自然而然地就能持續運動。

Q 隨著孩子長大，他慢慢有了足夠的體力，也越來越晚睡。該讓他玩久一點再睡嗎？另外，該挑選哪種運動才恰當呢？

A 基本上，讓孩子在太陽高掛的時間活動身體就對了。晚上讓他們玩遊戲，反而會讓他們興奮得睡不著。
當孩子具備基本體力後，建議讓他們在戶外遊戲。散步屬於基本的運動，而跑步則是主要的運動。請讓孩子充分地散步和跑步吧。

野人家152

國家圖書館出版品預行編目 (CIP) 資料

0-6 歲潛能開發親子遊戲書 : 日本嬰幼兒發展專家教你掌握成長 6 大階段 ,87 個訓練遊戲 , 全方位培養孩子 10 大能力 !/ 前橋明著 ; 許郁文譯 . -- 二版 . -- 新北市 : 野人文化股份有限公司出版 : 遠足文化事業股份有限公司發行 , 2021.06
面 ; 公分 . -- (野人家 ; 152)
譯自 : ふれあい体操
ISBN 978-986-384-535-5(平裝)

1. 育兒 2. 親子遊戲 3. 兒童發展

428.82 110007822

KODOMO NIMO MAMA NIMO YASASHII FUREAI TAISO
©AKIRA MAEHASHI 2014
Originally published in Japan in 2014 by KANKI PUBLISHING INC., TOKYO
Chinese translation rights arranged with KANKI PUBLISHING INC., TOKYO, through TOHAN CORPORATION, TOKYO. and AMANN CO., LTD., TAIPEI

ISBN 978-986-384-535-5 (平裝)
ISBN 978-986-384-539-3 (PDF)
ISBN 978-986-384-540-9 (EPUB)

0~6 歲潛能開發
親子遊戲書

野人文化
官方網頁

野人文化
讀者回函

線上讀者回函專用 QR CODE，你的寶貴意見，將是我們進步的最大動力。

作　　者　前橋明
譯　　者　許郁文

野人文化股份有限公司
社　　長　張瑩瑩
總 編 輯　蔡麗真
副 主 編　徐子涵
責　　編　鄭淑慧
校　　對　魏秋綢
行銷企劃　林麗紅
封面設計　周家瑤
內頁排版　洪素貞

讀書共和國出版集團
社　　長　郭重興
發行人兼出版總監　曾大福
業務平臺總經理　李雪麗
業務平臺副總經理　李復民
實體通路協理　林詩富
網路暨海外通路協理　張鑫峰
特販通路協理　陳綺瑩
印　　務　黃禮賢、李孟儒

出　　版　野人文化股份有限公司
發　　行　遠足文化事業股份有限公司
地址：231新北市新店區民權路108-2號9樓
電話：（02）2218-1417　傳真：（02）8667-1065
電子信箱：service@bookrep.com.tw
網址：www.bookrep.com.tw
郵撥帳號：19504465遠足文化事業股份有限公司
客服專線：0800-221-029
法律顧問　華洋法律事務所　蘇文生律師
印　　製　凱林彩印股份有限公司
初　　版　2016年5月
二版首刷　2021年6月